Friedrich Kenner

Über die Römische Reichsstraße

von Virunum nach Ovilaba und über die Ausgrabungen in Windisch-Garsten

Friedrich Kenner

Über die Römische Reichsstraße
von Virunum nach Ovilaba und über die Ausgrabungen in Windisch-Garsten

ISBN/EAN: 9783743649880

Hergestellt in Europa, USA, Kanada, Australien, Japan

Cover: Foto ©berggeist007 / pixelio.de

Weitere Bücher finden Sie auf **www.hansebooks.com**

ÜBER DIE

RÖMISCHE REICHSSTRASSE

VON VIRUNUM NACH OVILABA

UND ÜBER DIE

AUSGRABUNGEN IN WINDISCH-GARSTEN.

VON

DR. FRIEDRICH KENNER

CORRESP. MITGLIED DER KAIS. AKADEMIE DER WISSENSCHAFTEN.

WIEN, 1872.

IN COMMISSION BEI KARL GEROLD'S SOHN

BUCHHÄNDLER DER KAIS. AKADEMIE DER WISSENSCHAFTEN.

Aus dem Maihefte des Jahrganges 1872 der Sitzungsberichte der phil.-hist. Classe der kais. Akademie der Wissenschaften (LXXI. Bd., S. 357) besonders abgedruckt.

Druck von Adolf Holzhausen in Wien
k. k. Universitäts-Buchdruckerei.

1019921

I.

Die Strasse von Virunum nach Ovilaba.

Das Gebiet der römischen Provinz Noricum zerfiel in zwei von Natur aus gesonderte Theile, das Uferland, welches das Alpenvorland und die Stromgegenden am rechten Donauufer umfasste, und das Binnenland oder Hochgebirgsland, beiläufig vom Umfange Innerösterreichs. Beide Theile waren durch die Kette der norischen Alpen geschieden, ihr gegenseitiger Verkehr aber ward durch die Thalwege der Nebenflüsse der Donau vermittelt. Diese führen entweder durch das Gebirge hindurch ins Binnenland, wie die Türnitz, der Nebenfluss der Traisen, als der letzteren Fortsetzung betrachtet, dann die Ens und Salzach, oder sie reichen bis an den nördlichen Fuss der Alpen, wo mannigfache Einsattlungen und Gebirgsübergänge sich eröffnen. Solches ist der Fall mit der Ips und Erlaf, an deren Thäler der Gebirgsübergang über Gaflenz, Weyer und Altenmarkt sich anschliesst; ferner mit der Steier und Traun, aus deren Thälern man über den Pirn und die Pötschen ins Binnenland gelangte.

Ohne Zweifel sind diese Uebergänge schon vor Ankunft der Römer gekannt und benützt worden. Der Reichthum des Hinterlandes an Salz und Eisen, welches zum Theil in die

Stromgegenden hinausgebracht werden musste, führte von selbst darauf, sich ihrer wenn auch nur mittelst Saumpfaden zu bedienen. In römischer Zeit wurden Strassen über sie gebaut, von denen zwei, jene über den Pirn und jene über den Radstätter Tauern den Character von Reichsstrassen erhielten. Ja, es scheinen selbst die Germanen diese Uebergänge benützt zu haben. Einzelne Raubschaaren müssen am Beginn des Markomannenkrieges längs der Türnitz, Ens, Steier, Traun und Salzach ins Binnenland vorgedrungen sein. Wir können dies aus dem Umstande schliessen, dass man bei der Restauration der Festungen nach dem Kriege hinter den Ufercastellen eine zweite weniger dichte Reihe von Werken anlegte, welche den ersteren zum Rückhalte dienten und zugleich je einen der Gebirgsübergänge schützten. Wir kennen von ihnen dem Namen nach allerdings nur drei: Locus Veneris felicis, nahe bei Amstetten am Zusammenflusse der Ips und Url, zum Schutze des Ipsthales, ferner Ovilaba (Wels) zum Schutze des Traunthales und Iuvavum (Salzburg) zum Schutze des Salzachthales. Allein mannigfache Anhalte, Ortsnamen, Funde und Sagen, sowie treffende Analogien lassen darauf schliessen, dass auch in St. Pölten für das Traisenthal, zu Purgstall für das Erlaf-, zu Steier für das Ensthal solche Reserveposten bestanden haben, wenn sie auch nicht alle von derselben Grösse und Bedeutung und nicht immer mit der entsprechenden Truppenzahl besetzt waren.

Während von den genannten Gebirgsübergängen die Mehrzahl nur dem localen Verkehre zwischen beiden Theilen der Provinz diente, hatten jene beiden, welche unter den Römern mit Reichsstrassen bestellt waren, auch für den internationalen Verkehr eine grössere Bedeutung. Von Ovilaba und Iuvavum ausgehend gewinnen beide Strassen zunächst das Ensthal, übersteigen die Tauernkette, erstere den Rottenmanner, letztere den Radstätter Tauern und treffen in Virunum zusammen, um dann vereinigt ins Küstenland nach Aquileja hinauszuführen. Sie bilden also zwei Stränge eines und desselben Verkehrsweges, der zugleich der wichtigste im norischen Gebiete war; an seinen Endpuncten fand der Waarenzug natürliche Wasserwege, in Iuvavum den von Salzach und Inn gebildeten, in Ovilaba den der Traun, beide führten an die Donau, an deren linkem Ufer sich wieder der Reihe nach mehrere ins Germanenland leitende Thalschluchten eröffneten.

Auf eine weitausgedehnte Strecke bot diese Combination den kürzesten Weg, um aus den transdanubianischen Ländern nach Italien und umgekehrt von hier zu den Germanen zu gelangen. Westwärts fand sich der nächste Gebirgsübergang erst wieder in Raetien, er lief über den Brenner und entsprach der Linie Augsburg—Verona; der nächste ostwärts führte erst in Pannonien über Carnuntum (Petronell), Sabaria (Steinamanger) nach Emona (Laibach) und Aquileja.

Die Producte aus den Noricum gegenüberliegenden Germanenländern fanden also den nächsten Weg nach Oberitalien längs des genannten Doppelstranges über Iuvavum und Ovilaba; ebenso kam ein beträchtlicher Theil dessen, was die damaligen Culturländer an Kunstproducten in die Länder jenseits des Stromes lieferten, am schnellsten mittelst desselben Ueberganges an den Ort seiner Bestimmung.

Von den beiden in diesem Strassenzuge begriffenen Gebirgsübergängen scheint jener über den Pirn seit uralter Zeit der am häufigsten benützte gewesen zu sein. Allerdings kennt man keine Funde vorrömischer Alterthümer aus jener Gegend, wenigstens nicht diesseits der Alpen, nur ein Bronzemeissel, der 1867 in einem Torfmoore bei Windischgarsten gefunden wurde, macht davon eine Ausnahme.[1] Doch lässt sich für das hohe Alter des Handelsweges, der über den Pirn führte, und für seine Frequenz der Name eines Ortes geltend machen, welcher an ihm lag. Er lautet nach dem Itinerarium Antonini also nach der älteren Quelle Tutatio, nach der etwas jüngeren Peutingerischen Tafel Tuta(s)tio und lag nach den Bestimmungen des ersteren bei dem h. St. Pankraz, nach jenen der letzteren bei Klaus, jedenfalls nicht sehr weit vom Zusammenfluss der Steier und Teichel. Alle Ortsnamen an dem Handelswege über den Pirn von Laureacum und Ovilaba bis ins Venetianische hinein haben keltische Wurzel, so: Virunum Noreia Monate Sabatinca u. s. w.; die Ortsnamen sind hier

[1] Briefliche Mittheilungen des Herrn Oberleitner, damals Cooperator in Windischgarsten, an Freiherrn von Sacken. Das Fundobject gelangte als Geschenk des Ersteren an das Museum in Linz.

wie überhaupt im norischen Hochgebirgslande so durchaus unrömisch, dass man auch den Namen Tutatio auf eine keltische Wurzel zurückführen muss. Die Aehnlichkeit mit dem lateinischen Ausdrucke tutatio ist nur eine zufällige. Denn dieser ist im guten Latein gar nicht gebräuchlich, er erscheint erst bei einem spätern Schriftsteller, der überdies afrikanisches Latein schrieb;[1] auch bezeichnet er einen abstracten Begriff, die Beschützung als Handlung, nicht wie man vermuthen könnte, ein Festungswerk, nach welchem der Ort etwa so hätte genannt werden können. Für diesen Begriff bestehen vielmehr durchaus andere Ausdrücke.

Nun befindet sich zu Seckau in Steiermark ein Inschriftstein, der eine Collectivwidmung an den Mars und mehrere keltische Gottheiten enthält; diese sind Latobius, Jarmogius T o u t a t e s, Inatimus und Cetius.[2] Toutates ist ohne Zweifel identisch mit Teutates, dem Hauptgotte der gallischen Kelten, dessen Lucanus[3] und Lactantius[4] erwähnen, ein finsterer grässlicher Gott, welchem Menschenopfer dargebracht wurden. Wie der namenverwandte Tut oder Tehuti oder Toth der Aegypter[5] war er dem Mercurius sehr ähnlich. Ja Caesar[6] nennt ihn geradezu Mercurius und führt folgende Characterzüge seines Wesens an: er gelte den Galliern als Erfinder aller Künste, als Geleitsmann auf Wegen und Strassen, er habe den grössten Einfluss auf Geldgewinn und Handelsgeschäfte. Etwas Aehnliches treffen wir bei den Germanen; jener Gott, den Tacitus[7] als Mercurius bezeichnet, ward gleichfalls mit Menschenopfern geehrt.

Teutates oder Toutates war also der keltische Schutzgott der Reisenden und Handelsleute. Wenn sich nun an der vor-

---

[1] Julius Firmicius IV, 7. Er lebte im IV. Jahrh. Vgl. über ihn Bernhardy, Röm. Literaturgeschichte S. 738.

[2] R. Knabl in den Mittheilungen des histor. Ver. f. Steiermark 1864 S. 122.

[3] I. 445.

[4] I. 21.

[5] Auf diese Analogie hat mich Herr Dr. Ernst R. v. Bergmann aufmerksam gemacht.

[6] de bell. Gall. VI, 17.

[7] German. c. 9.

züglichsten Handelsstrasse der norischen Kelten ein Ortsname Tutatio findet, so ist sehr wahrscheinlich, dass an eben diesem Orte eine Cultstätte des Gottes bestanden habe, von welcher der Name auf den Ort selbst übergegangen ist. Ein Gleiches wird sich aus demselben Inschriftsteine noch für andere norische Ortsnamen geltend machen lassen. Ein municipium des Uferlandes hiess Cetium (h. Zeiselmauer), in dem Seckauersteine finden wir einen Localgott mit dem Namen Cetius; nach dem Gotte Latobius nannten sich die Latobiker, in deren Gau zu Zeiten der Römer ein praetorium und municipium (Latobicorum) bestand, welches auf das h. Altenmarkt bei Treffen in Krain entfällt. Es ist dies eine Erscheinung, die wir so vielfach auch bei den christlichen Völkern finden, es giebt da zahllose Fälle in jedem Lande, wo eine Ortschaft nach dem Heiligen benannt wird, welchem die Kirche des Ortes geweiht ist; als Beispiel aus der nächsten Nähe des alten Tutatio mögen die h. Orte St. Pankraz und St. Leonhard genannt sein.

In dem Namen Tutatio ist also ein Beleg für den uralten Bestand und die frequente Benützung des Handelsweges über den Pirn erhalten geblieben. Das Heiligthum des Gottes mag in diesem Orte mit einer Herberge und Raststation für die Handelsleute verbunden gewesen sein, hier mögen sie, bevor sie den Gebirgsweg antraten oder nachdem sie ihn passirt hatten, dem gewaltigen Gotte Opfer dargebracht haben, um von ihm ein günstiges Geleite zu erflehen oder für solches zu danken. Etwas ähnliches treffen wir im Mittelalter; für die Beherbergung der ins heilige Land ziehenden Pilger, wol auch überhaupt für die über den Pirn Reisenden wurde 1190 am nördlichen Fusse des Berges ein Hospital angelegt, [1] von welchem der dortbefindliche Ort noch heute den Namen ‚Spital' am Pirn führt.

---

[1] Pez. I, 693 und vorzüglich Franz Xav. Pritz im Archiv für Kunde öst. Geschichtsqu., X. 241 f. Von dem nächsten Zwecke der alten Stiftung schreibt sich wol auch die Umschrift der Medaillons her, welche die Kanoniker des 1418 hier gegründeten Collegiatstiftes seit 1776 trugen; sie lautet: ‚De Deo et proximis bene merentibus.' Vgl. Pillwein der Traunkreis S. 428 und Pritz, Archiv für Kunde österreich. Geschichtsqu., X. 291.

Für die uralte Frequenz des Ueberganges über den Pirn spricht indirect auch das hohe Alter des Weges über den Rottenmanner Tauern, beide Gebirgsübergänge sind ja nichts anders, als die Theile eines und desselben aus dem Binnen- ins Uferland führenden Verkehrsweges. Dort begegnet der Ortsname Tartusana, der nach seinen Bestandtheilen (Tar-tusan) ein altes an einem Wasser oder einem Berge gelegenes Dorf bezeichnet;[1] denn tar bezeichnet ebenso einen Fluss als einen Berg, wie Diefenbach vermuthet,[2] vermöge einer inneren Beziehung zwischen Fluss und Berg. In der That werden wir ähnliches bei dem Worte Pirn finden, das ebenso für Berg, wie für ein von den Bergen herabkommendes Wasser auftritt. Vielleicht hängt also der Name Tauern und Taurisci mit dem Wurzelworte tar zusammen, wonach Tartusana das alte ‚Tauerndorf' bezeichnen würde; noch heute begegnet man auf der Höhe des Tauern eine Ortschaft Hohentauern, dieser Ortsname bietet dann ein treffliches Analogon zu Tartusana. Wie dem aber sein möge, so ist wol zu bemerken, dass für diesen Ort, der nach den Angaben der Tabula auf das h. Möderbruck am Zusammenfluss des Pöls- und Brettsteinbaches entfällt, die Bezeichnung ‚Altdorf' schon im alten keltischen Ortsnamen liege, das Dorf also nicht erst in römischer Zeit als alt bezeichnet worden sei, etwa im Gegensatze zu einer von den Römern neu begründeten Ansiedlung, sondern die Kelten selbst nannten das Dorf schon vor der Ankunft der Römer das alte.

Aus den angeführten beiden Ortsnamen geht also hervor, dass die Kelten schon seit uralter Zeit, lange vor der Besetzung des Landes durch die Römer, die beiden Gebirgsübergänge über den Pirn und den Tauern gekannt und benützt haben. Unter den Römern wurden sie, wie schon bemerkt, mit einer Reichsstrasse bestellt. Es ist die nächste Aufgabe dieser Untersuchung den Lauf dieser Strasse und die Einrichtung der Stationen an derselben zu betrachten.

Die Zeit der ersten Erbauung der Reichsstrasse über den Pirn lässt sich nicht mit Bestimmtheit angeben. Wahrscheinlich aber ward sie verfügt, als Noricum den letzten Anschein

---

[1] Mone Celtische Forschungen. p. 241, 245. Vgl. darüber auch weiter unten

[2] Celtica II. 144.

von Selbstständigkeit verlor und aus einem verbündeten Königreich in eine Procuratur umgeändert wurde; wie ich anderwärts nachzuweisen versuchte,[1] geschah dies nicht vor dem Jahre 50 nach Chr. Zum ersten Male seit längerer Zeit hatte sich in jenem Jahre eine drohende Bewegung unter den Germanen an der Donau gezeigt, welche das früher nur von Vindelicien und Pannonien aus vertheidigte norische Gebiet mit ausreichendem Schutze zu versehen gebot; dazu gehörten ausser der vergrösserten Besatzung und der entsprechenden Zahl von Castellen auch der Umbau der wichtigsten, schon vorhandenen Wege und Strassen in Reichsstrassen.

Nach dem Markomannenkriege fand eine Ausbesserung und Sicherung unserer Strasse durch militärische Posten statt, die wie überhaupt in Noricum erst unter K. Septimius Severus nachdrücklicher in Angriff genommen und durchgeführt wurde. In dieser Gestalt kennen wir die Strasse aus dem Itinerarium Antonini und aus der Tabula Peutingeriana, welche nach der Zeit ihrer ursprünglichen Abfassung etwa ein Menschenalter von einander abstehen; ersteres entstand in der Epoche der Regierung des K. Septimius Severus (193—211), letztere unter Alexander Severus (222—235). Die Richtung der Strasse, soweit sie hier in Betracht kommt, ist grösstentheils durch die Terraingestaltung gegeben; demnach kann füglich angenommen werden, dass sie, einzelne kleinere Abweichungen weggerechnet, im Ganzen und Grossen die Richtung der heutigen Poststrasse eingehalten habe. Nur etwa zwischen Neumarkt und Scheifling in Obersteier wich sie auf eine längere Strecke von der letzteren ab, sowie an der Stelle, wo sie die Schlucht des Steirflusses verliess und ins Alpenvorland hinausgieng.

Wir beginnen unsere Untersuchung von dieser Stelle aus. Die heutige Poststrasse führt über Kirchdorf und Voitsdorf nach Wels, während die Römerstrasse die Richtung über Petenbach einschlug. Die Schwierigkeit, welche die verschiedensten Ansichten über diesen Punct hervorbrachte, liegt in den Angaben des Itinerars und der Tabula. Das Itinerar giebt die Entfernung zwischen Ovilaba und Tutatio auf 20 mp. (4 deutsche Meilen), die Tabula auf 22 ($4^2/_5$ d. M.) an. Ovilaba selbst ist

[1] Mitth. u. Ber. des Wiener Alterthumsver. Band XI, S. 14.

bestimmt das h. Wels; Tutatio entfällt, wie noch nachzuweisen sein wird, nach den Angaben des Itinerars auf das h. St. Pankraz, nach jenen der Tabula auf das h. Klaus; über diese eigenthümliche Differenz wird noch zu reden sein. Die factische Entfernung von St. Pankraz und Wels beträgt nun 35, die von Klaus und Wels 30 mp. In keiner möglichen Richtung beträgt das Wegmass weniger; es folgt daraus, dass die Zahlenangabe in beiden genannten Quellen entstellt ist, das Itinerarium giebt um 15, die Tabula um 8 mp. zu wenig.[1]

Glücklicherweise sind mannichfache Spuren vorhanden, welche über die Richtung der Strasse einiges Licht geben. In einer von J. Gaisberger geltend gemachten, im Urkundenbuche des Landes ob der Ens (II 3) abgedruckten Urkunde vom Jahre 993 werden als Grenzen eines streitigen Gebietes in der Nähe von Petenbach zwei Strassen (viae) erwähnt, von denen eine ‚via publica‘ hiess, ein Ausdruck, der im hohen Mittelalter häufig für wiederbenützte Römerstrassen gebraucht wird. Die Umgebung von Petenbach selbst wird schon im 8. Jahrhundert in einer Urkunde des Herzogs Thassilo (777) genannt. Auch finden sich auf der Strecke von Wels bis Petenbach im Aiterbachthale und dessen nächster Umgebung, sowie von hier bis Klaus manche Ortsnamen, die sonst in der Umgebung einer Römerstrasse auftreten, überraschend oft, so: Strasser, Strasshof, Ober- und Unterstrass u. s. w. oder Steinhof, Steinhaus, Steinmaurer, Steinermayer u. s. w. und Tafern (bei Klaus).[2] Nahe bei Petenbach selbst bestand noch um das Jahr 1431 eine Besitzung ‚im Burgstall‘ genannt; in jenem Jahre erbaute Leonhart Meuerl im Burgstall die sogenannte Leitenkirche zum hl. Leonhard, eine halbe Stunde von Petenbach entfernt.

---

[1] Es wird weiter unten versucht werden zu erklären, auf welche Weise der Fehler in das Itinerarium und in die Tabula gekommen sei. (S. 50.)

[2] J. Gaisberger, Archaeol. Nachlese III in dem Linzer Musealbericht v. J. 1869 (S. 63 des Separatabdruckes).

[3] Pillwein, der Traunkreis S. 417. Der ‚Burgstallhof‘ besteht noch heute als ein ganz gewöhnliches Bauernhaus auf der Strasse von Petenbach nach Viechtwang in der Nähe der Leitenkirche. Bis März 1871 — aus dieser Zeit datirt ein Schreiben des Herrn J. Gaisberger, dem ich diese Auskunft verdanke — waren die Nachforschungen nach Spuren alter Mauern und einer Römerstrasse vergeblich. Auch bei dem Baue des

‚Burgstall' ist aber, wie tausend Fälle lehren, der constant auftauchende Ausdruck für die Reste eines römischen Castells. Endlich zeigt sich sehr nahe von Petenbach ein Grundbesitzname ‚Steinmaurer', der abermals auf das Vorhandensein von Ruinen römischer Baulichkeiten in älterer Zeit hindeutet.

Wenn schon das Zusammentreffen dieser Umstände auf einen in der Nähe von Petenbach oder daselbst bestandenen Römerort hinweist, so kommt noch überdies dazu, dass Petenbach in der Mitte der Entfernung zwischen Klaus und Wels liegt, von jedem 15 mp. (3 d. M.) entfernt, mithin trefflich geeignet war, eine Station für den Pferdewechsel zwischen beiden Orten zu bilden.

Wir werden schon aus diesen Gründen, abgesehen von anderen, die sich im Verfolg der Untersuchung ergeben werden, mit ziemlicher Sicherheit das Vetoniana der Tabula in Petenbach oder dessen nächster Umgebung suchen und darnach die Zahlenangaben des Itinerarium und der Tabula corrigiren dürfen; die Ansichten, welche Jordan und Muchar über die Lage dieses Ortes aufgestellt haben, und die in jüngster Zeit von J. Gaisberger in der schon genannten Abhandlung vertreten wurden, dünken auch uns die wahrscheinlichsten zu sein.

Die an der Strasse über den Pirn zunächst folgenden drei Orte Tutatio, Ernolatia und Gabromagus haben abermals verschiedene Ansichten hervorgerufen, welche geeignet sind, die Frage noch verwickelter zu machen, als sie schon an sich ist. Der Umstand, dass die Endangabe der Route Vetoniana—Ovilaba in den Reisebüchern entstellt ist, bildet eine Ursache davon. Eine andere liegt darin, dass man das eigenthümliche Verhältniss des Itinerarium zur Tabula gerade bezüglich dieser Route entweder nicht oder zu wenig beachtete.

An einem andern Orte habe ich eine Erklärung dieser Differenz zu geben versucht [1] und führe dieselbe hier weiter

jetzigen Burgstallhofes hat man, nach Aussage der älteren Leute, nichts gefunden. Es scheint somit von dem Castelle Alles verschwunden zu sein, bis auf den seit Jahrhunderten an jener Terrainstelle haftenden Namen, wie dies auch sonst vorkommt.

[1] Mitth. u. Berichte des Wiener Alterthumsver. XI. Bd. S. 134, Note 2. In den Distanzangaben hat sich dort ein störender Druckfehler (Stiriate 12 mp., statt 15 mp.) eingeschlichen.

aus, als es dort der gebotene Raum gestattete, denn das Verständniss des Folgenden hängt wesentlich von der Lösung dieser Differenz ab.

Das Verhältniss des Itinerars zur Tabula bezüglich der Route Virunum—Ovilaba besteht darin, dass ersteres wie überall weniger Orte und grössere Distanzen, als die letztere angiebt; ferner nennt jenes von Virunum bis auf die Höhe des Pirn d. i. bis Gabromagus andere Orte, als die Tabula, diesseits des Pirn bis Ovilaba kommen in beiden Quellen dieselben Ortsnamen vor, nur dass die Tabula ihrer um zwei mehr angiebt. Endlich sind die Distanzen in beiden Quellen verschieden und zwar nicht blos bei dem einen oder andern Orte, sondern durchstehend bei allen Orten; auch sind die Unterschiede nicht abwechselnd, sondern stetig; sie bewegen sich der überwiegenden Mehrzahl nach um eine Strecke von nahezu 5 mp., sehr selten beträgt die Differenz 4 mp., noch seltener 3 mp.

Um einen anschaulichen Ueberblick davon zu geben, stellt die folgende Tabelle Orte und Distanzen beider Quellen nebeneinander. Die Distanzen werden dabei in zweifacher Ziffernreihe dargestellt; die dem Ortsnamen zunächst stehende römische Ziffer giebt die Entfernung des betreffenden Ortes vom nächstvorhergehenden an; die danebenstehende arabische Ziffer zeigt die Entfernung jedes Ortes vom Ausgangspuncte Virunum. Da ferner das Itinerarium die kleineren Zwischenstationen (mutationes) übergeht, welche zumeist in der Hälfte der Entfernung der grösseren Orte angelegt gewesen sind, wurden zwischen den Ziffern der letzteren (I—VI) die halben Entfernungen (a—f) in Klammern eingeschaltet; letztere dienen als Anhalte zur Vergleichung mit den Angaben der Tabula.

Itinerarium:

Von Virunum nach:

a)	? (bei Stammersdorf)	(X)	(10)
I	Candalicas (Zwischen Mühldorf und Gaudriz)	(XX)	20
b)	? (Neumarkt)	(XV)	(35)
II	Monate (St. Georgen b. Unzmarkt)	XXX	50
c)	? (Ober-Zeiring)	(IX)	(59)
III	Sabatinca (bei St. Johann im Tauern)	XVIII	68
d)	? (St. Lorenzen)	(XV)	(83)
IV	Gabromago (Pirn)	XXX	98
e)	? (Spital am Pirn)	(X)	(108)
V	Tutatione (bei St. Pankraz)	XX	118
f)	? (bei Inzersdorf)	X (sic, XV)	(133)
VI	Ovilabis	XX (sic, XXXV)	153

Tabula:

Von Virunum nach:

1	Matucaio (bei Altenmarkt)	XIIII	14
2	Noreia (Einöddorf)	XIII	27
3	Noreia (sic, Viscellae?) (Teuffenbach)	XIII	40
4	(Viscellis) ad pontem (bei Piehl)	XIIII	54
5	Tartusanis (Möderbruck)	IX	63
6	Surontio (etwa 2 mp. vor Hohentauern)	X	73
7	Stiriate (Rottenmann)	XV	88
8	Gabromagi (Obere Klaus am Pirn)	XV	103
9	Ernolatia (Windisch-Garsten)	VIII	111
10	Tutastione (Klaus)	XII	123
11	Vetonianis (Petenbach)	XI (sic, XV)	138
12	Ovilia	XI (sic, XV)	153

Dieser Tabelle seien schon hier die Bestimmungen beigefügt, welche die einzelnen Orte von den verschiedenen Topographen gefunden haben; es ergiebt sich aus ihnen, wie abweichend über manche Puncte ihre Ansichten sind.

Stationen des Itinerars:

Candalicae. Muchar und R. Knabl: Hüttenberg. — Mannert: Friesach. — Reichhardt: Glantschach; er hält es für gleich mit dem Tarnasice der Tabula, in dieser sei der Name aus Candalicae entstellt. — Lapie: Guttaring.

Monate. Muchar der Montana für wahrscheinlich hält: Judenburg. — Knabl: Strettweg. — Mannert: Oberwöls. — Reichhardt hält es für verstümmelt aus Ponte. — Lapie: St. Georgen.

Sabatinca. Muchar: Kraubat. — Knabl: Traboch. — Mannert (der 23 mp. corrigirt): Irdning. — Reichhardt: St. Johann in Tauern. — Lapie: Donnersbach.

Gabromagus. Muchar und Knabl: Lietzen. — Mannert: Windischgarsten. — Reichhardt: Windisch-Garstein (sic). — Lapie: Holzer.

Tutatio. Jordan und Muchar: Klaus. — Knabl: 1/4 Meile vor Voitsdorf. — Mannert: Schlierbach. — Reichhardt lässt es unbestimmt. — Lapie: Kirchdorf.

Stationen der Tabula:

Matucaium. Muchar: Zwischenwässern. — Knabl: Krummfelden. — Mannert: Hohenfeld. — Reichhardt: Eberstein. —

Noreia (I). Muchar, Knabl und Mannert: Neumarkt. — Reichhardt: Friesach.

Noreia (II). Von den Meisten eliminirt; Knabl (als Ad pontem): bei St. Georgen bei Unzmarkt.

Viscellae, ad pontem. Muchar: St. Georgen bei Unzmarkt. — Knabl (der nur Viscellis gelten lässt): 1/4 Meile westlich von Knittelfeld. — Mannert: eine Stunde von Oberwöls. — Reichhardt: Oberwöls (Viscellae), Niederwöls (Ad pontem).

Tartusana. Muchar: Mautern bei Unterzeiring. — Knabl: Kraubat. — Mannert: Heilbad bei Donnersbach. — Reichhardt: Tauern; er vermuthet den Namen verschrieben für

Taurisani (Plinius), wonach die Hindeutung auf den Tauern sehr deutlich im Namen des Ortes läge.

Surontium. Muchar: Tauern. — Knabl: Kammern. — Mannert: Irdning. — Reichhardt: Geisshorn.

Stiriate. Muchar und Reichhardt: Strechau bei Rottenmann. — Knabl: $^1/_4$ Meile südlich von Gaishorn. — Mannert: Lietzen. — Pritz (Geschichte von Oberösterreich I, 67): bei St. Pankraz jenseits des Pirn.

Gabromagus. Muchar und Knabl: Lietzen. — Mannert und Reichhardt: Windischgarsten. — Pritz: Spital am Pirn.

Ernolatia. Jordan und Muchar: Spital am Pirn. — Knabl übergeht diese Station. — Gaisberger: Windischgarsten. — Mannert: nördlich von Pongras (St. Pankraz). — Pritz: bei Lietzen, südlich am Pirn. — Reichhardt bestimmt es nicht. —

Tutastio. Jordan, Muchar, Gaisberger, Knabl und Pritz: Klaus. — Mannert: Schlierbach. — Reichhardt bestimmt es nicht.

Vetoniana. Muchar, Pritz, Gaisberger: Petenbach. — Knabl: $^1/_4$ Meile von Voitsdorf. — Mannert und Reichhardt: Kremsmünster. —

Man ersieht aus der Tabelle, dass das Itinerarium sechs, die Tabula zwölf Ortsnamen anführt, das erstere enthält für die grössere Wegstrecke, d. h. bis auf 98 mp. von Virunum weg andere Ortsnamen als letztere; hingegen von Gabromagus bis Ovilaba haben beide Quellen die Ortsnamen gemeinsam, nur dass die Tabula die Stationen Ernolatia und Vetoniana beifügt. Vergleicht man weiter die Distanzen der einzelnen Orte in beiden Quellen, so findet sich im Itinerar in einer Entfernung von 20 mp. (von Virunum weg) die Station Candalicae, die Tabula hat dafür in einer Entfernung von 27 mp. einen Ort Noreia, beide Orte stehen um 7 mp. von einander ab; in einer Entfernung von 50 mp. (von Virunum) zeigt sich im Itinerar die Station Monate; die Tabula übergeht diese gleichfalls und nennt dafür in einer Entfernung von 54 mp., also vier mp. weiter gegen Ovilaba zu, die Station Viscellis mit dem Beisatze ‚ad pontem'; 68 mp. von Virunum nennt das Itinerar die Station Sabatinca. Die Tabula weiss auch von dieser nichts und giebt fünf mp. weiter die Station Surontium, die also 73 mp. von Virunum abliegt. Ebenso ist es in der vierten und fünften Angabe des Itinerars. Sein Gabromagus liegt von Virunum 98, jenes der Tabula 103 mp., also wieder um fünf mp. entfernter; sein Tutatio findet sich 118, jenes der Tabula 123 mp. von Virunum, auch hier beträgt der Unterschied fünf mp.

Ein ganz ähnliches Resultat erhält man, wenn die in der Tabelle durch eingeklammerte Ziffern kenntlich gemachten halben Distanzen des Itinerars mit den betreffenden Distanzen der Tabula verglichen werden. Die Distanz *a* (10 mp.) differirt von der ersten Distanz der Tabula (14 mp.) um vier, ferner *b* (35 mp.) von 3 der Tabula (40 mp.) um fünf, *c* (59 mp.) von 5 der Tabula (63 mp.) um vier, *d* (83 mp.) von 7 der Tabula (88 mp.) um fünf, endlich *e* (108 mp.) von 9 der Tabula (111 mp.) um drei mp.

Die Differenzen der ganzen Distanzen des Itinerarium von jenen der Tabula sind: 7, 4, 5, 5, 5, im Durchschnitt 5¹/₅ mp. Die Differenzen der halben Distanzen des Itinerarium und der entsprechenden der Tabula sind: 4, 5, 4, 5, 3, im Durchschnitt 4¹/₅ mp. Beide Reihen zusammengenommen geben neun Differenzen von durchschnittlich 4⁷/₁₀ mp.

In dieser Stetigkeit der Differenzen kann man unmöglich ein Spiel des Zufalls erkennen; sie tragen vielmehr deutlich das Gepräge einer systematischen Absichtlichkeit, welche zu dem Schlusse zwingt, dass man in der Zeit zwischen der Abfassung des Itinerars und jener der Tabula eine neue Eintheilung der Stationen auf der in Rede stehenden Route vorgenommen habe; in Folge derselben wurden alle Wechsel- und Raststellen um durchschnittlich nahezu 5 mp. weiter gegen Ovilaba zu gerückt. In dieser nothwendigen Folgerung liegt inbegriffen, dass beide Quellen selbst da, wo sie verschiedene Stationen nennen, eine und dieselbe Strasse darstellen, dass also nicht, wie Muchar behauptete, die Richtungen der in beiden Quellen dargestellten Strassen von Virunum bis Gabromagus eine verschiedene, von hier bis Ovilaba aber dieselbe gewesen sei: denn alsdann müssten die Differenzen unter sich ungleich sein, wie es der Zufall ergab, was nicht der Fall ist; es wird übrigens von dieser Ansicht noch weiter gesprochen werden.

Ferner zeigt die Tabelle in beiden Quellen eine auffallend kleine Distanz: im Itinerarium zwischen dem 50. und 68. Meilensteine von Virunum weg, in der Tabula entsprechend der veränderten Eintheilung der Stationen zwischen dem 54. und 73. Meilensteine; dort beträgt die Distanz 18 mp. (Monate—Sabatinca XVIII), hier 19 mp. (Viscellis ad pontem—Tartusanis IX, Tartusanis—Surontio X). Es findet sich also in beiden Quellen eine fast gleiche Distanz in einer fast gleichen Entfernung von Virunum. Auch dieses beweist die Identität der von Beiden beschriebenen Strasse; ferner folgt aus dieser Erscheinung, dass zwischen dem 50. und dem 73. Meilensteine von Virunum weg die Strasse Terrainschwierigkeiten gefunden haben müsse, welche zur Abkürzung der an dem betreffenden Reisetage zu machenden Wegstrecke nöthigten. (Vgl. unten S. 47.) Es ist leicht herauszufinden, welcher Art diese Terrainschwierigkeiten waren, da schon die Entfernung von Virunum daraufführt; es ist der Uebergang über den Rottenmanner Tauern. Damit erledigt sich ein alter Streit. Die allerdings nahe liegende Vermuthung, die Römer hätten das steile Gebirge in der Thalsohle längs der Mur und des Paltenbaches umgangen, wird damit unhaltbar; wäre dies der Fall, so würden beide Quellen lauter grössere Stationen enthalten, abgesehen davon, dass auch die überlieferte Meilenzahl in keiner Weise mit dem Umwege um das Gebirge vereinbar ist. Doch auch über diese Ansicht wird weiter unten noch ausführlicher gehandelt werden.

Werden die letztgewonnenen Resultate, die veränderte Eintheilung der Stationen auf der Tabula und die Führung der Strasse über den Rottenmanner Tauern festgehalten, so wird die Bestimmung der Stationen keine erhebliche Schwierigkeit mehr darbieten; es wird sich zunächst um die Festsetzung eines Punctes handeln, an welchen wie an einen festen Anhalt die verschiedenen Distanzen geknüpft werden können.

Es muss, um einen solchen Anhalt zu gewinnen, vorausbemerkt werden, dass nach den Markomannenkriegen militärische Schutzposten nicht blos an der direct bedrohten Reichsgrenze, sondern auch an jenen Strassen angelegt wurden, durch welche die Verbindung der Ufercastelle mit Aquileja, jenem grossen Centrum der Defensivanstalten in den Donauländern hergestellt wurde. Man kann diese Strassen als Verbindungs-

und Rückzugslinien jener Besatzungen bezeichnen, die in den Ufercastellen lagen. Auch die Strasse über den Pirn stellt eine solche dar, einen der beiden Stränge, welche in Virunum zusammenlaufend die in Noricum dislocirte Truppenmacht mit Aquileja verbanden. Es ist selbstverständlich, dass solche Rückzugslinien mit dem meisten Erfolg bewacht und vertheidigt werden konnten an jenen Stellen, wo sich enge Thalschluchten und Gebirgsübergänge finden. In engen Thalschluchten bot die Natur grosse Vortheile dar, um selbst dann, wenn die Ufercastelle bereits genommen waren, dem Vormarsch des Feindes mit verhältnissmässig geringer Truppenanzahl erhebliche Schwierigkeiten und Verzögerungen zu bereiten, so dass man in Italien Zeit gewann, die Defensive vom Neuen zu organisieren. Ich habe darüber an einem andern Orte gehandelt und hebe hier nur hervor, dass gerade in dieser Beziehung der Uebergang über den Pirn von gleich grosser strategischer, wie commercieller Wichtigkeit war. Es werden daher auch auf unserer Strasse kleinere militärische Posten anzunehmen sein, welche einzelnen Raubschaaren der Germanen entgegentreten, sie aufhalten, die Einwohner und Handelsleute beschützen, vor Allem aber den Uebergang ins Binnenland vertheidigen mussten, es war ihre Aufgabe vor Allem, wenn die Besatzungen der Ufercastelle zum Rückzuge gezwungen waren, ihnen Stützpuncte zu gewähren und zugleich rechtzeitige Nachrichten an die weiter zurückliegenden Posten und durch sie nach Italien gelangen zu lassen.

Auch ist selbstverständlich, dass man in einem Grenzlande, wie doch Noricum eines war, die Poststationen, wenn es nur angieng, in die nächste Nähe solcher militärischer Schutzposten verlegt haben werde, um die Sicherheit des Postdienstes zu vermehren.

Es wird daher zunächst auf jene Terrainstellen im Norden des Pirn Rücksicht genommen werden müssen, welche sich zur Anlage eines Castelles eigneten; wenn auf solche Puncte die Distanzen des Itinerars und der Tabula zutreffen, so werden um so sicherer ebendort Poststationen angenommen werden können.

Solcher Stellen zeigt das vom Pirn weg nordwärts gegen das Alpenvorland ziehende Thal drei.

Zunächst vom Fusse des Pirn weg dehnt sich die kleine Ebene des Teichelflusses aus; im hohen Mittelalter und noch mehr im Alterthum mag sie einen grossen von der Teichel durchflossenen Sumpf gebildet haben, noch heute ist der Boden der Ebene moorig und giebt es in der Umgebung von Spital und Windischgarsten eine verhältnissmässig grosse Anzahl von Teichen, gleichsam als Ueberbleibsel des Sumpfes.[1]

Dagegen im Osten, wo noch heute die Strasse läuft, ist das Terrain vom Gebiete des Sumpfes durch eine längere Hügelreihe getrennt, es bildet sich da ein schmales Thal, an dessen nördlichem Ende Windischgarsten liegt; hier ist der eine militärisch wichtige Punct des Thales. Der Ort liegt auf einem etwas erhöhten Boden und beherrscht die Strasse bis gegen den Pirn auf der einen, und die Teichel hinab auf der andern Seite. Auch mündet bei Windischgarsten ein anderes Thal, durch welches der Dambach herausfliesst. Nahezu vier Meilen sich nach Osten fortsetzend, endet es bei Altenmarkt an der Ens, welche ebenda die Gebirgskette unterbrechend, aus dem Binnenland ins Uferland tritt; jenes Querthal verband also die Thalwege der Teichel und Steier mit dem der Ens. Heute mit einer kleinen Strasse bestellt, war das Thal wol auch in sehr früher Zeit von einer solchen durchzogen, denn es bot einen verhältnissmässig kurzen Weg, um durch die bei den Römern gebräuchlichen Alarmsignale, mittelst Rauchsäulen und Feuer, etwaige Vorgänge aus dem oberen Uferlande, ohne dass es der Feind bemerkte, im Rücken der Gebirge an die Ufercastelle zu Laureacum, ad pontem Ises (Ips) und Arelate (Gr. Pechlarn) oder umgekehrt bekannt zu geben; dies waren die äussersten Endpuncte der Wege, welche ins Gebirge führend in Altenmarkt zusammentrafen. Es ist daher sehr wahrscheinlich, dass man jenes Querthal zu beherrschen gesucht habe, was durch kleinere Posten an seinen Ausgängen, bei Altenmarkt und bei Windischgarsten bewirkt werden konnte.

So fanden sich mehrere Umstände in letzterem Orte zusammen, welche ihm eine militärische Wichtigkeit gaben. Man darf also hier einen militärischen Posten und neben diesem, in

---

[1] Pillwein, Traunkreis, S. 118, 119, führt aus der Umgebung von Spital und Windischgarsten allein 13 grösserere und kleinere Teiche mit Namen auf.

seinem Schutzbereiche liegend, eine Poststation voraussetzen. Den Namen derselben verräth die ehemalige Beschaffenheit des Thales. Ernus ist ein nicht selten vorkommender keltischer Flussname, wahrscheinlich kein Eigen-, sondern ein Gattungsname;[1] llaid bezeichnet einen Sumpf.[2] Der Name Ernolatia, der aus den genannten beiden Wörtern zusammengesetzt ist, bezeichnet also einen Ort an einem durch sumpfigen Boden fliessenden Wasser. Auf keinen andern Ort der Route Virunum—Ovilaba passt diese wörtliche Bedeutung von ‚Ernolatia' so gut, als auf Windischgarsten und dessen Umgebung. Folgt man diesem Fingerzeig und setzt man Ernolatia an die Stelle des letztgenannten Ortes, so lässt sich die Probe für die Richtigkeit oder Unrichtigkeit der Zutheilung leicht anstellen, indem die Distanzen des Reisehandbuches und der Tabula damit übereinstimmen müssen.

Bevor dieses geschieht, sind noch die beiden andern militärisch wichtigen Terrainstellen unseres Thales aufzusuchen. Die eine von ihnen befindet sich bei Klaus an der Schwelle des Passes. Die hohen Berge an beiden Ufern der Steier treten hier so enge zusammen, dass sie von einiger Entfernung gesehen, eine Bergwand zu bilden scheinen. Hier am Eintritte in die enge Felsenschlucht der Steier, der man in keiner Weise ausweichen konnte, war der geeignete Platz ein das Thal verschliessendes praesidium oder castellum anzulegen; ist doch noch der heutige Name eine Erinnerung an die abschliessende Function, die der Ort von jeher übte. — Etwa zwei Stunden weiter aufwärts vereinigt sich bei Dirnbach die Teichel mit der Steier; in den Winkel der beiden Wässer senkt sich ein Bergvorsprung, welcher in die Mitte des Thales vortretend eine Aussicht auf dasselbe bis gegen Klaus hinab gewährt. Dieser Umstand sowohl, als die Gewohnheit der Römer feste Posten im Winkel zweier in einander fliessender Wässer anzulegen, um für zwei Seiten des Castelles einen natürlichen Schutz zu gewinnen, unterstützen die Vermuthung, dass auch hier ein kleines Castell, etwa eine specula angebracht gewesen. War dies der Fall, so können nach den obengesagten sowohl in Klaus, als in Dirn-

[1] Diefenbach Celtica I. p. 52.

[2] Derselbe p. 62.

bach[1] d. h. im Schutze jener beiden Werke auch Poststationen gesucht werden, andererseits müssen ihre Distanzen von Ernolatia aus zutreffen, wenn es richtig ist, dass letzteres an der Stelle von Windischgarsten lag.

Dies ist nun in der That der Fall. Nach der Tabula liegt Ernolatia 12 mp. ($2^2/_5$ d. M.) von Tuta(s)tio, dies ist auch die Entfernung zwischen Windischgarsten und Klaus. Das Tutatio des Itinerars lag aber 5 mp. südlicher als der gleichnamige Ort der Tabula oder das h. Klaus; dies trifft nahezu mit Dirnbach zusammen, doch lag alsdann die Station weiter gegen St. Pankraz zu, jedenfalls aber noch im Bereich und unter dem Schutze der vorausgesetzten Specula.

Dazu kommt noch, dass Klaus 30, Dirnbach 35 mp. von Wels abliegt. Das Itinerarium führt in jenen Strecken, wo der Weg meist eben war, gerade solche grössere Distanzen auf, nach dieser Beobachtung und der factischen Entfernung zwischen Klaus und Wels muss, wie schon gesagt worden, im Itinerar und der Tabula die Schlussdistanz geändert werden. Petenbach (Vetoniana) liegt als eine Zwischenstation in der Mitte der Distanz, 15 mp. von Wels entfernt; ebensoweit also muss das Tuta(s)tio der Tabula von Petenbach abliegen, was abermals mit Klaus zusammentrifft. — Endlich kann noch folgender Umstand geltend gemacht werden. Der heutige Ort Klaus zieht sich, wie es so häufig in schmalen Gebirgsthälern der Fall ist, durch fast zwei Stunden von der Bergfestung gl. N. aufwärts bis zur Mündung der Teichel in die Steier. Man trifft da nicht mehrere Ortschaften, sondern nur einzelne Gehöfte sind auf eine lange Wegstrecke zerstreut und bilden zusammen eine einzige Ortschaft. Ebenso ist der benachbarte Ort Steiorling sehr weit ausgedehnt; er erstreckt sich $2^1/_2$

[1] Funde sind aus diesem Orte nicht bekannt. Das Einzige, was mir Herr Jos. Gaisberger aus ihm zugekommenen brieflichen Nachrichten mittheilen konnte, ist, dass man in Dirnbach vor vielen Jahren ‚Spuren‘ vom Aufenthalte der Römer gefunden habe. Späterhin stiess man etwa 300 Schritte ober der Steierbrücke bei Planirung des Platzes auf dem sog. Fuchslugerberge in einer Tiefe von 3 Fuss auf vier bis fünf Eisengeräthe, wie deren ähnliche auch in Windischgarsten vorkamen; man bezeichnet sie als Eisenschuhe für hufkranke Pferde. (Schreiben vom 7. Mai 1868.)

Stunden in die Länge.[1] Mit den Grenzen des h. Klaus treffen nun jene des alten Tutatio nahe zusammen, es muss letzteres gleichfalls 5 mp. (2 Stunden) lang sich im engen Thal hingezogen haben, und zwar von dem Eintritt in die Thalschlucht bis zur Mündung der Teichel, denn die beiden Stationen mit den Namen Tutatio, die doch offenbar denselben Ort bezeichnen, liegen 5 mp. d. i. soweit auseinander, als die Ortschaft Klaus lang ist. Die Station Tutatio des Itinerars kam nach der älteren Eintheilung an das südliche Ende des Ortes, in die Nähe von Dirnbach zu stehen, und konnte sehr wohl bei der neuen Eintheilung der Stationen mit demselben Namen an das nördliche Ende des Ortes (Klaus) verlegt werden, an welchem sie in der Tabula erscheint.

Es treffen also, wie sich gezeigt hat, verschiedene, von einander ganz unabhängige Anzeichen in so augenfälliger Weise zusammen, dass an der Identität von Tutatio und Tuta(s)tio mit dem h. Klaus nach der ganzen Ausdehnung des Ortes und von Ernolatia mit dem h. Windischgarsten nicht wol gezweifelt werden kann. Diese Puncte werden daher mit Sicherheit für die andern Bestimmungen zu Grunde gelegt werden können.

Uebrigens werden die drei militärischen Werke bei Klaus, Dirnbach und Windischgarsten nicht als selbstständige Castelle aufzufassen sein, sondern, wie es ja auch sonst die Regel war, als eine Gruppe von einander unterstützenden, zu einander in Beziehung stehenden Posten, so etwa, dass der letztere (Ernolatia), im Innersten des Thales und nahe am Uebergange über den Pirn gelegen, der wichtigste mit zahlreicherer Besatzung versehene war, während die beiden andern nur kleinere Vorwerke darstellten, welche im Nothfalle von jenem Succurs erhielten und zugleich die Verbindung mit Ovilaba aufrecht erhielten.

In Windischgarsten hat man, wie noch gezeigt werden wird, zwar nicht das Castell, wol aber die untrüglichen Anzeichen von der Anwesenheit verschiedener Truppenkörper aufgegraben.

Mit der nächsten Station Gabromagus gelangen wir auf den Pirn selbst. Der Name des Berges hat vielfache Ana-

[1] Pillwein, Geogr. u. Statistik des Erzherzogth. ob d. Ens. II. (Traunkreis S. 423, 424.)

logion [1] in Griechenland und Italien, die wol alle auf eine gemeinsame Wurzel zurückzuführen sind, wenn gleich sie bald für Berge, bald für Flüsse vorkommen; im letztern Falle wurde der Name wol von einem Berge auf das von ihm herabfliessende Wasser übertragen, so gut, als er auch auf Ortschaften überging. Was unsern Berg betrifft, so ist der keltische Ursprung des Namens ausser Zweifel gesetzt durch die glücklicher Weise noch erhaltene älteste Schreibung, wie sie in Urkunden aus der Zeit von 1190 bis 1259 geübt wurde. [2] Darnach lautet der Name Pirdon (einmal auch Pirton) — onis; dies weist auf das keltische bior und dun (Berg - Spitze) zurück, [3] der Name bezeichnet also einen spitzigen Berg. Frühzeitig kommen daneben auch die Bezeichnungen ‚supra Pierin' (J. 1200) und ‚Pyrn' (1239) in einer und derselben Urkunde neben ‚Pyrdon', dann ‚Piren', ‚in pyrno monte' (1254), ‚Pirimontis' (1278, 1418) vor; in deutschen Urkunden liest man 1419 ‚Byrn' und ‚Piern', 1420 ‚Pirn'. Die heutige Schreibung ‚Pyhrn' beruht, um im Vorbeigehen dieselbe zu berühren, nur auf einer Entstellung späterer Zeit, etwa aus dem Ende des XVI. und dem XVII. Jahrhunderte. Die richtigste und einfachste ist ‚Pirn', sowie das keltische Pirdon oder Pirdun allmälich in germanischer Aussprache zu Pirdu oder Pirtu (man vgl. Virten, Virodunum Verdun) zusammengezogen wurde, woraus dann Pirn entstand. Doch findet sich auch Pyrn in sehr alter Zeit.

Von dem am nördlichen Fusse des Berges gelegenen Markte Spital am Pirn, der selbst 1626 Fuss über der Meeresfläche liegt, steigt die heutige Strasse eine Stunde lang aufwärts bis zu einer Höhe von 2472 Fuss über dem Meere. Die Steigerung beträgt also 846 Fuss, oder annähernd 1 Fuss Steigerung auf 14 Fuss Weg. Sie ist nicht sehr bedeutend und

[1] So ad Pirum im Gebiete der Umbrier und Hirpiner, ad Pirum summas Alpes (Birnbaumerwald in Krain), Pirum in Dacien, Piranum (Pirano, Istrien), Pieria (Berglandschaft in Thessalien), der Ort Piraeum bei Corinth) Pyrenaeen. Auch bei Flüssen kommt er vor, so Pirus in Achaia, Pirus tortus (Perschling in Nieder-Oesterreich), Pirene fons in Thessalien. Man vgl. darüber Forbiger's Geogr. des Alterthums III. unter den betreffenden Namen.

[2] Vgl. Franz X. Pritz, im Archive für Kunde österr. Geschichtsquellen. X. p. 301 f. in den Urkunden, IV, VIII, XVI, XX, XXIV.

[3] Mone Celtische Forschungen, S. 122.

erheischt in der Anlage der Strasse keine erheblichen Krümmungen und Umwege. Sehr wahrscheinlich ist sie auf der alten Römerstrasse selbst angelegt; dafür zeugt der Umstand, dass sie schon im Zeitalter der Kreuzzüge vielfach benützt ward, in einer Zeit also, da man kaum eine derartige Strasse neu anzulegen vermocht hätte.

Die auf der Höhe des Berges befindlichen Stationen führen im Itinerar und in der Tabula den Namen Gabromagus, der wie die verwandten Gabranovicum und Gabrosentum von dem keltischen Worte gavr, die Ziege oder das Pferd abgeleitet wird und demnach auf einen grossen Reichthum an solchen Thieren hinweist. Die hohe Lage stimmt sehr wol mit der ersteren Deutung überein.[1] Das Gabromagus des Itinerars lag 20 mp. (4 d. M.) von Tutatio, dies trifft auf die Ortschaft Pirn; jenes der Tabula lag nur 8 mp. ($1^3/_5$ d. M.) von Ernolatia südlich; man gelangt mit diesem Wegmass zu der sogenannten oberen Klause am Pirn, nahe an der Wasserscheide des Teichelflusses und des Pirnbaches, welch' letzterer südwärts fliessend nicht weit von Lietzen sich in die Ens ergiesst. Die ‚Klause am Pirn' wurde 1465 als eine Grenzwehre zwischen Oesterreich und Steiermark an der Stelle eines alten Thurmes (Thurm am Pirn) erbaut, von dem leider nichts anderes bekannt ist, als dass er im Jahre 1456 von der Herrschaft Wolkenstein um 40 Pfund Pfennige an das Stift Spital abgetreten wurde.[2] Vermuthen lässt sich, wenngleich nicht erweisen, dass dieser ‚alte Thurm' auf den Resten eines Römerbaues errichtet gewesen sei.

Es lässt sich leicht ermessen, dass schon im Itinerarium zwischen Gabromagus und Tutatio (Pirn – St. Pankraz) eine Zwischenstation als Wechselstelle für die Pferde angebracht war, da bei der Terrainbeschaffenheit jener Strecke eine Entfernung von vier deutschen Meilen für dieselben Pferde zu stark sein musste. Die geeignete Stelle dafür lag am nörd-

[1] Diefenbach Celtica II, Abth. I, p. 326. — Mone 221 zieht die Deutung von gabro auf Ross vor und verdeutscht demnach den Namen Gabromagus mit Rossfeld.

[2] Pillwein, Traunkreis S. 76, nach Urkunden im ständischen Archive zu Linz.

lichen Fuss des Berges, da, wo heute Spital am Pirn liegt; es ist hier auch gerade die Mitte des Weges. Dass hier wirklich eine Ortschaft lag, die unsere beiden Quellen verschweigen, liegt in der Natur der Sache begründet. Schon in vorrömischer Zeit, als die Waarenzüge über das Gebirge noch gesäumt werden mussten, gebot es einerseits die Nothwendigkeit, hier eine Raststelle zu halten, wo Reisende und Thiere vor Besteigung des Berges sich ausruhen konnten, oder wo die erstern frische Thiere vorfanden. Die Dürftigkeit der Natur in jener Gegend zwang andererseits die Einwohner jede Erwerbquelle, die sich darbot, zu benützen, um den Lebensunterhalt zu gewinnen. Aus diesen Gründen mögen dort einzelne Gehöfte entstanden sein, an die sich mit der Zeit immer mehr anschlossen, bis unter den Römern mit Errichtung der Reichsstrasse auch eine mutatio dahin kam. Es hat sich freilich weder der Name — er mag nach dem Namen des Berges selbst gelautet haben (Pirodunum?) — noch irgend ein Ueberrest erhalten. Aber bei den Einwohnern war noch zu Muchar's Zeiten eine freilich sehr verdunkelte Ueberlieferung erhalten; man wusste noch die Stelle zu zeigen, wo der alte Heidentempel gestanden haben soll.[1] Auch heisst das im Jahre 1190 gegründete Hospiz (im heutigen Spital am Pirn) schon in Urkunden vom Jahre 1193 und vom Jahre 1200 die neue Stiftung (novella plantatio, novellum hospitale[2]), was allerdings auf die vor wenigen Jahren erst geschehene, noch neue Gründung des Hospitium hindeuten kann; aber ausgeschlossen ist nicht, dass das Wort ‚neue‘ auf eine seit sehr alter Zeit hier bestandene und zu Grunde gegangene Herberge zurückweise, an deren Stelle späterhin das Hospiz erbaut wurde.

Ueber die Stationen, welche jenseits des Pirn lagen, ist nicht mehr viel zu sagen; ihre Lage bestimmt sich nach dem einmal gewonnenen Anhalt und den Distanzangaben der Quellen, die keinerlei Spur einer Entstellung tragen, von selbst auf jene heutigen Orte, die vorne in der Tabelle angemerkt sind; sie resultiren nach meiner Abmessung des Weges, die ich auf Grundlage der rühmlich bekannten Scheda'schen ‚Generalkarte

---

[1] Muchar Noricum I. 275.

[2] Pritz u. a. O. Archiv X, 253.

des österreichischen Kaiserstaates' mit Sorgfalt glaube angestellt zu haben.

Im Einzelnen geben nur die Etymologie der Namen und die Erörterung von Ansichten, die über den einen oder anderen Ort und über die Führung der Strasse im Gebiet des Tauern aufgetaucht sind, Anlass, länger bei ihnen zu verweilen.

Von Stiriate vermuthet Muchar,[1] es sei dieser Ortsname nicht an seinem richtigen Platze in der Tabula angemerkt, da er deutlich auf die Steier hinweise, diese aber nordwärts des Pirn ihr Quellengebiet habe, während der Ort Stiriate nach der Stelle, an welcher er in der Tabula erscheine, im Ensthale gesucht werden müsse. Für diese Meinung sprechen in der That Analogien, welche eben auch in der Tabula sich finden, wie Ani im oberen Ensthale (Rastatt), Immurio im oberen Murthale (Tamsweg) oder wie das Murocla des Ptolemaeus im unteren Murthale (Gratz?). Ebenso könnte auch Stiriate von einem Flusse Stira oder Stirus genannt sein. Allein daraus zu schliessen, dass Stiriate an einer andern Stelle in der Tabula eingereiht und an der Steier gesucht werden müsse, das lässt sich nicht wol rechtfertigen. Denn es könnte dann nur mit einem der Orte im Steierthale selbst verwechselt worden sein. Gabromagus und Tutatio kommen dabei nicht in Betracht, sie stehen in der Tabula an ihrem richtigen Platze, der durch die Concordanz des Itinerars gesichert ist; ebenso entfällt Vetoniana, das zuweit seitab von der Steier liegt. Es bliebe also nur noch Ernolatia übrig. Man könnte vermuthen, dass im Alterthume die nahe an Windischgarsten vorüberfliessende Teichel für die Steier selbst, letztere aber bis zur Mündung der Teichel in sie für einen Nebenfluss gehalten worden sei, so dass der Name Stiriate für Windischgarsten, das alsdann an der Steier gelegen gewesen wäre, recht wol passen würde. Allein es steht dem entgegen, dass, wie schon bemerkt, die wörtliche Bedeutung des Ortsnamen Ernolatia auf die sumpfige Umgebung von Windischgarsten hindeutet und der Sinn jenes Namens aus den Terrainverhältnissen von keinem anderen Ort der ganzen in Rede stehenden Route sich so gut erklärt, als eben aus jenem

[1] Noricum I. 273.

in der Umgebung der Teichel. Im Steierthale, soweit dies auf unserer Route in Betracht kommt, stehen also alle Ortsnamen an ihrem richtigen Platze, es findet sich keiner, der durch Verwechslung mit Stiriate dahin gelangt sein könnte. Der Gedanke an eine solche muss daher aufgegeben werden; es kann ja auch ein anderes kleineres Wasser in der Nähe von Rottenmann, dem alten Stiriate, Stira oder Stirus geheissen haben. Noch heute begegnet der Name Steier auch in Steiermark selbst, wie denn ein Gebirgssee im steierischen Hochgebirge (‚Gruberin') der Steirsee genannt wird.

Die nächsten Stationen führen uns auf den Rottenmanner Tauern und es ist hier die passende Stelle, die verschiedenen Ansichten zu prüfen, welche über den Zug der Strasse Virunum — Ovilaba aufgestellt worden sind; denn sie gehen in der Hauptsache nur in dem Puncte auseinander, ob das Gebirge von der Strasse direct übersetzt oder ob es im Thale umgangen worden sei. Scheyb führte die Strasse von Virunum über Zwischenwässern, St. Georgen bei Unzmarkt, den Rottenmanner Tauern und Lietzen nach Klaus und Wels. Ferner führt sie Reichhard über Glantschach, Eberstein, Friesach, Oberwöls und den Tauern nach Windischgarsten und weiter über Kremsmünster nach Wels.

Muchar hat aus der Verschiedenheit der Ortsnamen im Itinerar und der Tabula auf eine Verschiedenheit in den Richtungen der Strassen geschlossen; jene des Itinerars habe von Virunum aus einen anderen Weg, als die der Tabula verfolgt, beide seien erst in Gabromagus, das er nach Lietzen verlegt, wieder zusammengetroffen und vereinigt über den Pirn nach Ovilaba gelaufen. Es stellt sich dies so vor, dass die Strasse des Itinerarium sogleich von Virunum weg ins Thal des Görtschitzbaches nach Hüttenberg gekommen sei, wohin er Candalicae verlegt; dann sei sie über die Alpen nach Obdach, Weisskirchen und Judenburg (Monate) im Murthale gelaufen, in die Nähe von Kraubat versetzt er Sabatinca, an der Mündung des Paltenbaches habe sie das Murthal verlassen und sei im Thal des ersteren über Mautern und Rottenmann nach Lietzen (Gabromagus) gelangt. Somit hätte die Strasse des Itinerars den ganzen Gebirgszug, der zwischen Mur und Paltenbach gelagert ist, auf der Thalsohle umgangen.

Dagegen führt er die Strasse der Tabula von Virunum aus direct nordwärts über Zwischenwässern (Matucaio) und Neumarkt (Noreia); er nimmt nur ein Noreia an, während die Tabula zwei anführt (wovon noch die Rede sein wird); dann über die Murbrücke bei St. Georgen in der Nähe von Unzmarkt (Viscellis ad pontem) und lässt sie hier in die Schlucht eintreten, welche über Unterzeiring (Tartusanis) und den Tauern (Surontio) nach Rottenmann und Strechau (Stiriate) führt; von hier nach Lietzen (Gabromago) gehend habe sie sich bei dem letzteren Orte mit der Strasse des Itinerars vereinigt. Die Strasse der Tabula hätte somit den Umweg vermieden, welchen jene des Itinerars machte und hätte dafür direct den Rottenmanner Tauern übersetzt.

Diese Erklärung würde unbedenklich angenommen werden können, wenn die Meilenzahlen des Itinerars damit in Einklang gebracht werden könnten, was durchaus unmöglich ist. Die Umgehung des Gebirges erfordert von Judenburg bis Rottenmann mindestens 60 mp. (12 d. M.). während der directe Weg über den Tauern von St. Georgen bei Unzmarkt bis Rottenmann etwa 30 bis 33 mp. (6- 6³/₅ d. M.) verlangt, der Unterschied beträgt 30 bis 27 mp. (6—5²/₅ d. M.) Um diese Differenz müsste also, wenn Muchar's Ansicht die richtige wäre, das Wegmass des Itinerars grösser sein, als jenes der Tabula, in Wahrheit ist es aber bei beiden gleich; das Itinerarium zählt bis Gabromagus 98, die Tabula zählt 103 mp., wobei aber die Verschiebung der letzteren Station um 5 mp. gegen Norden in Rechnung gebracht werden muss. Es müssten arge Entstellungen im Texte des Itinerars angenommen werden, um die Zahl von 98 mp. erklären zu können. Bis Sabatinca zwar treffen die Angaben Muchars ziemlich zu; der letztere Ort liegt 68 mp. von Virunum, während Kraubat 70 mp. davon absteht. Bis dahin würden also — Muchars Ansicht immer im Auge behalten — die Distanzen des Itinerars richtig sein. Von Kraubat nach Lietzen sind factisch 50 mp., wenn man mit Muchar den Weg in dem Mur- und Paltenbachthale annimmt; das Itinerar aber giebt diese Distanz (Sabatinca—Gabromagus) mit 30 mp. an, hier wäre also ein Fehler von 20 mp. vorhanden, es müsste die Zahl ursprünglich 50 mp. gelautet haben, was aber schon aus dem Grunde nicht denkbar ist, weil Distanzen von solcher Ausdehnung überhaupt nicht vorkommen; oder man müsste annehmen, dass eine Zwischenstation mit 20 mp. ausgefallen sei; dies ist aber eine Auskunft, die nur in den zwingendsten Fällen und nur dann benützt werden darf, wenn andere Umstände bestätigend dazutreten, was in dem vorliegenden Falle nicht eintrifft. Vielmehr lassen sich die Distanzangaben auf natürliche Weise erklären, ohne dass man zur Voraussetzung von Zahlenfehlern greift; sie treffen bis zur letzten Distanz der Route Tutatio—Ovilaba vollkommen zu, sind also in der That bis dahin richtig. Auch die Funde, auf die sich Muchar stützt, meist ohne sie näher anzugeben, beweisen wol für den Aufenthalt der Römer im Mur- und Paltenbachthale und folgerichtig für eine Strasse, welche ihre Orte verband, sie beweisen aber nichts für das Bestehen und die Richtung der Reichsstrasse.

Nicht weniger spricht folgender Umstand gegen Muchars Ansicht. Die ältere Strasse des Itinerars, sei es dass sie seit Beginn der römischen Herrschaft in Noricum bestand, oder dass sie erst unter Septimius Severus gebaut wurde, wäre auf Umgehung des Gebirges berechnet. Man müsste also in früherer Zeit den directen Weg über das Gebirge nicht gekannt oder ihn gescheut und durch so lange Zeit es vorgezogen haben, einen Umweg von 5 bis 6 d. M. zu machen. Erst im zweiten oder dritten Decennium des dritten Jahrhunderts hätte man den Uebergang über den Tauern kennen gelernt oder das Bedürfniss, den Umweg zu ersparen empfunden. Dies ist vollkommen unwahrscheinlich und steht im Gegensatze mit der ziemlich allgemeinen Erfahrung, dass Strassen in der älteren Anlage gewöhnlich direct über einen Berg oder ein Gebirge geführt und erst in späterer Zeit wegen der Bequemlichkeit des Verkehrs hie und da in das Thal verlegt wurden, selbst wenn es mit einer Verlängerung des Weges verbunden war. Nie aber ist das Umgekehrte der Fall. So lässt sich auch hier nicht annehmen, dass man zuerst eine Thal- und dann eine Bergstrasse angelegt habe; auch hier wird man gleich anfänglich einem uralten Verkehrswege gefolgt sein, der sich gewiss den Luxus einer so weitläufigen Umgehung des Gebirges nicht erlaubte. Ganz undenkbar wäre es endlich, dass man unter Septimius Severus die Strasse, wenn sie erst unter ihm gebaut worden wäre, diesen Umweg hätte machen lassen, um so kurze Zeit darauf, unter Alexander Severus, eine neue kostspielige Bergstrasse zu bauen. Dies würde der Oeconomie der Römer vollkommen widersprechen.

In jüngster Zeit hat der um Steiermark hochverdiente Epigraphiker, Dr. Richard Knabl, eine neue Ansicht über den Lauf der Strasse aufgestellt.[1] Mit Recht behauptet er die Identität beider Strassen, des Itinerars und der Tabula, er führt aber beide vom Zollfelde aus über Hüttenberg, Neumarkt und Teuffenbach, dann durchaus auf der Sohle des Murthales und des Paltenbachthales in derselben Richtung, wie Muchar die Strasse des Itinerars angelegt dachte. Diese jüngste Ansicht motivirt den Umweg, den die Strasse gleich nordwärts von Virunum machte, indem sie statt in gerader Linie d. h. über Friesach auf Neumarkt loszugehen, bei Altenhofen östlich ins Görtschitzthal abbiegt, um dann von Neumarkt aus wieder westlich nach Teuffenbach zu gehen, — sie motivirt diesen Umweg durch den Meilenstein von Krummfelden, der eine östliche Abweichung der Strasse bei Althofen beweise. Allein es kommt auch anderwärts vor, dass Meilensteine auch an Nebensträngen der Hauptstrassenzüge bestanden. So hat man in früherer Zeit auf Grund eines in Seewalchen am Attersee gefundenen Meilensteines[2] die Strecke Juvavum—Ovilaba über Mondsee und Seewalchen geführt, obwol die Meilenzahlen des Itinerars und der Tabula auf die Linie Salzburg—Strasswalchen—Frankenmarkt—Wels hindeuteten, bis die Auffindung eines vorzüglich erhaltenen Meilensteines im Purgstall von Moesendorf[3] bei Frankenmarkt, der trefflich zum Itinerarium stimmt, die letzte Ansicht bestätigte. Beide Meilensteine (von Moesendorf und Seewalchen) sind obendrein in den Zeitangaben der Errichtung nur um ein Jahr auseinander, der erstere stammt vom J. 194, der letztere vom J. 195; es handelt sich hier

---

[1] Mittheilungen des historischen Vereines für Steiermark. 18. Heft, 1870. S. 114. f.

[2] Gaisberger, in den Beiträgen des Museum Francisco-Carolinum VIII. n. 16.

[3] Mitth. der k. k. Central-Comm. Bd. XIV. S. XXIII f.

also in der That um zwei zur selben Zeit benützte Wege, auf deren jedem Meilensäulen standen.

Ein so schlagender Fall beweist, dass selbst Meilensteine für die Richtung einer Reichsstrasse nicht immer entscheiden, wenn nicht andere Umstände bestätigend dazu kommen. Statt solcher tritt hier vielmehr die Schwierigkeit entgegen, jenen Umweg mit den angegebenen Meilenzahlen zu vereinigen. Es ist ein entschiedener Irrthum des Vertreters dieser Ansicht, dass 1 mp. dem Viertel einer österreichischen Strassenmeile zu 4000 Klafter gleich sei, also 1000 Klafter betrage; sie beträgt nur 779¹/₇, rund 780 Wiener Klafter und kommt auf ¹/₅ der deutschen oder geographischen Meile oder auf 800 Klafter der letzteren aus. Da die Differenz beider nur 20 Klafter beträgt, kann man sehr wol auch auf die österreichische Meile 5 mp. rechnen, wenn man nach je 39 der letzteren 1 mp. zugiebt.[1] Legt man dieses metrologisch sichergestellte Mass[2] der Berechnung zu Grunde, so erhält man auf der Strecke von Krummfelden (nach Knabl Matucaium) bis St. Marien und Neumarkt (nach Kn. Noreia) ein Mass von 19 mp., ohne auf die Krümmungen des Weges Rücksicht zu nehmen, während die Tabula zwischen Matucaio und Noreia nur 13 mp. anmerkt. Die letztere Zahl ergiebt sich nur dann, wenn die directe Linie über Friesach angenommen wird, und auch in diesem Falle kommt Noreia nicht nach Neumarkt, sondern nach Einöddorf zu stehen. Die Meilenzahl der Tabula spricht also nicht für den Umweg über Hüttenberg, sondern gegen ihn, für den geraden Weg über Friesach.

Weiter macht die Knabl'sche Ansicht gegen die Führung der Strasse über den Rottenmanner Tauern geltend, dass die Höhe des Ueberganges (5000 Fuss) zu beträchtlich und der Weg während des Winters durch die Schneemassen zu sehr behindert gewesen sei, als dass die Römer den ganz unbeschwerlichen Weg im Thale, wenn er gleich mehr Zeit erforderte, nicht hätten vorziehen sollen. So gewichtig dieses Argu-

---

¹ 39 × 20 = 780 Klafter.

² Fr. Hultsch, griechische und römische Metrologie S. 302 (1 passus = 1.479 Meter), S. 305 (5 mp. = 0.998 geogr. Meilen) und S. 315 (1 mp. = 4677.3 österr. Fuss).

ment ist, so verliert es doch seine Geltung, wenn man berücksichtigt, dass ja auch über den Radstätter Tauern ein vielleicht selbst noch beschwerlicherer Strassenzug in 6000 Fuss Höhe führte, dann dass die ganz abnormen kleinen Distanzen von 18 mp. zwischen Monate und Sabatinca, sowie die Detaildistanzen Viscellis ad pontem—Tartusanis 9 mp. und Tartusanis—Surentio 10 mp. in ihrer Uebereinstimmung auf einen lang- und steilansteigenden Weg hindeuten. Wie sollen sie sich erklären, wenn die Strasse in der Ebene des Murthales hinlief? Zwischen Knittelfeld, Kraubat und Kammern bestehen doch keine solchen Terrainschwierigkeiten, dass man nur so kurze Tagreisen zu machen brauchte.

Uns mag die Direction des Weges über den Tauern befremdlich erscheinen; allein die Beobachtung der Römerstrassen in der Schweiz hat gelehrt, dass die römischen Ingenieure die eingehendsten Studien über die Natur der Berge, die klimatischen Verhältnisse, die Richtung der Windanfälle, der Schneewehen und Regengüsse gemacht haben, bevor sie zum Bau der Strasse selbst schritten. [1]

Dadurch mögen manche Nachtheile, die der Winter für Gebirgsstrassen mit sich brachte, gemildert worden sein. Wenn aber der Verkehr gänzlich durch die Witterungsverhältnisse unterbrochen war, so blieb der Ausweg, das Gebirge im Thale zu umgehen, noch immer offen. Ein fahrbarer Weg hat im Mur- und Paltenbachthale, wie schon bemerkt, sicher bestanden; nur war er nicht die Reichsstrasse, er mag nur ausnahmsweise von der Staatspost benützt worden sein, und ist darum nicht der im Itinerar und auf der Tabula verzeichnete Weg.

Allein alle diese Anstände bei Seite lassend, die Hauptschwierigkeit bleibt auch in diesem Puncte bei der jüngsten so gut, wie bei der Muchar'schen Ansicht der Widerstreit der Meilenzahlen. Die durchgehende Differenz derselben in beiden Quellen wird von Knabl einfach bei Seite geschoben, durch die

[1] ‚Nach dem Urtheile der Sachverständigen sind überhaupt diese Strassen, mit solcher Vorsicht ausgeführt, dass sie auch jetzt noch in schlimmer Jahreszeit, im Winter, vorzugsweise benützt werden, und viele bedauern, dass die neuen Strassen so oft die frühere Richtung verlassen haben.' Dr. H. Meyer, in den Mittheilungen der antiquarischen Gesellschaft in Zürich, Bd. XIII, S. 129.

schon von Mannert aufgestellte Behauptung, die dritte Distanz des Itinerars (Monate – Sabatinca mp. XVIII) sei durch ein Versehen des Abschreibers entstanden und müsse ursprünglich XXIII gelautet haben. Dann stimmen allerdings die noch übrigen Distanzen in beiden Quellen überein; Sabatinca und Surontium sind dann jedes 73, beide Gabromagus 103, Tutatio und Tutastio 123 mp. von Virunum entfernt. Jedoch beistimmen kann ich dieser gewaltigen Lösung des Problemes nicht, sie fördert die Sache in Wahrheit keineswegs. Gerade die Distanz Sabatinca XVIII wird durch die beiden entsprechenden Distanzen der Tabula IX und X bestätigt; sowie im Itinerar zwischen Monate und Sabatinca d. i. zwischen dem 50. und 68. Meilensteine von Virunum weg eine auffallend kleine Distanz besteht, ebenso in der Tabula zwischen dem 54. und 73., — ein Umstand, der wie schon öfter bemerkt wurde, auf ein Ansteigen des Weges in jener Entfernung von Virunum hinweist und zwar in beiden Quellen übereinstimmend. Diese Concordanz ist von der grössten Wichtigkeit für die Bestimmung der Richtung der Strasse; die Meilenzahl XVIII bei dem Ortsnamen Sabatinca darf daher in keiner Weise geändert werden. Aber selbst abgesehen davon, dass durch die genannte Ausflucht das factisch bestehende Verhältniss beider Quellen nur noch mehr verdunkelt wird, so schafft sie auch neue Schwierigkeiten. Da die Strassen des Itinerars und der Tabula auch nach Knabls Ansicht dieselbe Richtung haben, so müssen z. B. Sabatinca und Surontium, welche beide nach jener Aushilfe 73 mp. von Virunum abliegen, nothwendig auf denselben Ort fallen. Woher kommen dann in diesem Falle und bei den andern Stationen die verschiedenen Namen für denselben Ort? Gab es an ein und demselben Puncte zwei verschiedene Orte, jeden mit einer eigenen Mansio? Und wie erklären sich denn bei den vorausgehenden Stationen die Differenzen der Entfernungen in beiden Quellen? Ueber diese Puncte schweigt die jüngste Ansicht ganz und gar.

Dagegen machen ihr die Entfernungen am Schluss der Route keine Schwierigkeiten, ebenso wie sie die Distanzen trotz des Umweges um das Tauerngebirge in der Ordnung findet. Von Noreia (Neumarkt) bis ad pontem (St. Georgen) zählt sie 13 (statt 15); von da bis Viscellis, d. h. eine halbe Stunde westlich von Knittelfeld, zählt sie 14 (die Entfernung beträgt in gerader Linie ohne Rücksicht aufs Terrain 17 bis 18 mp.), von hier bis Tartusana (Kraubat) 9, von da bis Surontium (Kammern) 10 (die Strecke beträgt mindestens 13 mp.); weiter bis Stiriate, eine halbe Stunde südlich von Gaishorn, findet sie nur 15 mp., während in Wirklichkeit 19 sind; ebensoviel rechnet sie von da nach Lietzen (Gabromagus), das beinahe 19 mp. absteht; die Entfernung von letzterem bis Tutatio (Klaus), welche 29 mp. beträgt, bemisst sie mit 20 (Ernolatia ist übergangen); [1] Vetoniana verlegt sie in die nächste Nähe von Voitsdorf, welches 18 mp. von Klaus abliegt und rechnet diese Distanz zu 11 mp., um schliesslich von hier nach Ovilaba mit 11 mp. zu gelangen. Zu diesen Ergebnissen führte der irrige Ansatz von 1 mp. zu 30 statt zu 24 Minuten des Weges, jedes mp. ist um 6 Minuten zu lange angenommen. Nur bis Tutatio — soweit sind die Meilenzahlen der beiden Quellen richtig — beträgt der Fehler schon ($118 \times 6 = 684$ Minuten oder) 28½ mp; bis zum Tutatio der Tabula beträgt er ($123 \times 6 = 738$ Minuten oder) 30¾ mp. Zufällig stimmen diese Plus mit der Anzahl der mp. überein, um welche, wie sich oben herausstellte, die Umgehung des Gebirges länger ist als dessen Uebersetzung (nämlich 27 bis 30 mp. Vgl. oben S. 26). Gerade dadurch ist der gelehrte Epigraphiker in seiner Ansicht bestärkt worden. Sie ist aber nach dem bisher vorgebrachten sowenig zu halten, als die von Muchár aufgestellte; auch sonst wird sie nicht getheilt. Reichhardt, Mannert und Lapie führen die Strasse direct über das Gebirge, ersterer wie gesagt über St. Johann im Tauern, beide letztere über den Hohenwart, und zwar Mannert über Oberwöls - Irdning, Lapie über St. Georgen—Donnersbach—Irdning. Beide letztere wie ich glaube mit Unrecht; denn alsdann lief die Strasse in der unwirthlichsten Gegend, sie hatte hohe Kämme zu übersteigen, während in geringer Entfernung eine allerdings auch beschwerliche, im Vergleiche mit dem andern Wege aber viel

[1] Wol daher kommt es, dass Knabl das Tutatio des Itinerars ¼ Meile vor Voitsdorf verlegt, wohin nach ihm auch das ‚Vetoniana‘ der Tabula zu stehen kam. Hingegen das Tutatio der Tabula verlegt er nach Klaus, obwol es ebensoweit von Virunum abliegt als jenes des Itinerars.

bequemere Schlucht in dem Thale des Pölsbaches aufwärts über St. Johann und Hohentauern gegeben war. Noch heute geht in dieser Richtung die Poststrasse von Judenburg nach Rottenmann. —

Weiterhin bietet die Route der Tabula nur noch eine auffallende auf Noreia bezügliche Erscheinung. Zweimal hintereinander erscheint dieser Ortsname und neben ihm dieselbe Distanz Noreia XIII—Noreia XIII). Es liegt nun sehr nahe anzunehmen, dass die Wiederholung des Namens auf einem Fehler des Abschreibers beruhe. Dagegen ist es zu viel gethan, wenn Muchar auch die Distanz eliminieren will. Diese darf nicht ausgestossen werden, weil sonst mit allen folgenden Wegmassen nicht ins Reine zu kommen wäre. Auch deutet auf eine an dieser Stelle der Tabula ursprünglich wirklich vorhandene Station der Umstand, dass die Linie, welche die Strasse bezeichnet, einen Winkel macht, was immer das Zeichen einer neuen Station ist. Für die Entfernung des Ortsnamens, nicht aber zugleich der Distanz ist auch R. Knabl. Ueberdies vermuthet der letztere, dass der ursprüngliche Ortsname, welcher statt des zweiten Noreia einzuschalten wäre, jener Beisatz ad pontem sei, den die Tabula dem Namen der folgenden Station beifüge. Darnach wäre die ursprüngliche Folge der Stationen diese gewesen: Noreia XIII — Ad pontem XIII Viscellis XIIII. Diese Auskunft fand Knabl dadurch bestätigt, dass nach dem von ihm zu Grunde gelegten Meilenmasse Noreia nach Neumarkt, Ad pontem aber nach St. Georgen bei Unzmarkt, wo noch heute eine Brücke über die Mur führt, zu stehen kommt. Allein nach der thatsächlichen Länge der römischen Meile entfällt das erstere in die Gegend von Teuffenbach, das letztere reichlich 3 mp. östlich von St. Georgen. Auch ist es nach der uns vorliegenden Fassung der Tabula, da von den beiden Ortsnamen Viscellis und ad pontem sehr wahrscheinlich einer an die Stelle des zweiten Noreia gesetzt werden muss, natürlicher Viscellis dahin zu stellen, d. h. anzunehmen, dass die ursprüngliche Folge der Stationen:

Noreia XIII — Viscellis XIII — Ad pontem XIIII gelautet und der Abschreiber irriger Weise den Namen Noreia bei der zweiten Distanz wiederholt, den ursprünglichen Namen dieser letzteren aber mit dem der dritten in Eins zusammengezogen habe, so dass

Noreia XIII — Noreia XIII — Viscellis ad pontem XIIII entstand. Dagegen nach der Vermuthung Knabl's würde noch eine weitere Umstellung des Namens geschehen sein, indem der ursprüngliche Ortsname der zweiten Distanz erst hinter jenem der dritten eingeschaltet worden wäre.

Was die Etymologie der Orte betrifft, welche als Stationen vom Tauern weg in der Richtung gegen Virunum erscheinen, so werden sie von Fachmännern der keltischen Sprachforschung in folgender Weise erklärt. Die beiden Namen Surontium und Viscellae deuten auf die Lage an Bächen und Flüssen. Sur (Suir) bezeichnet einen Bach,[1] ebenso Visch,[2] wol nur eine phonetische Variante zu dem so häufig in Flussnamen vorkommenden Is und Isch, wie Ise (Ips), Ischel, Isère, Ister, Eisack u. s. w. Auch mit der Aspiration kommen noch heute ähnliche Namen vor, wie Witsch (Kärnthen), Vischa (Fischa in Unterösterreich) worauf Mone aufmerksam gemacht hat. Ebenso stehen die Namen Sabatinca und Tartusana sehr wahrscheinlich mit den Namen kleiner Gebirgswässer in Verbindung. Sabatinca lässt sich in sa — Haus[3] — und batin zerlegen; letzteres auf bi — klein — und tain — Wasser[4] — zurückgeführt, würde ein etwa nahe von der Wasserscheide am Tauern als kleines Bächlein südwärts fliessendes Wasser bezeichnen, so dass mit dem Worte Sabatinca ein an solchem gelegener Hof oder Haus angedeutet wäre. Ebenso ist tar die Bezeichnung eines Wassers,[5] vielleicht zugleich eines Berges, wie des Tauern selbst, mit welchem Namen das Wort Aehnlichkeit hat; tusan ist der aus du (Dorf) und sean (alt)[6] zusammengesetzte Ausdruck für ein altes an einem Wasser gelegenes Keltendorf. Es ist in der That sehr wahrscheinlich, dass an dem vielbegangenen Wege über den Tauern ebenda wo der Pöls- und Brettsteinbach zusammenfliessen, schon in uralter Zeit wie an einem für Ansiedlungen günstig gelegenen Puncte eine Ortschaft sich gebildet habe, welche durch ihren Namen (Alt-

---

[1] Mone p. 136, 137.

[2] Ebenda p. 145.

[3] Mone 209.

[4] Ebenda 237.

[5] Mone p. 241, vgl. oben S. 6.

[6] Mone p. 245.

dorf) das lange Bestehen kund gab; auch für die uralte Benützung des Ueberganges über den Tauern ist die Existenz dieses Namens, wie schon oben bemerkt wurde, wichtig.

Ueberdies kann noch der Name Candalicae insoferne erklärt werden, als can (im Irischen cean) die Bergkuppe, all (im Irischen) Stein bezeichnet; [1] cean-aille (oder ceann-d-aille) wäre demnach Felsenberg und Candalicae würde einen Ort an einem felsigen Berge bezeichnen. —

Was die Eintheilung der Stationen auf der in Rede stehenden Route betrifft, so bietet das Itinerarium eigenthümliche Erscheinungen der Beobachtung dar. Die in ihm genannten Stationen sind nicht blosse mutationes (Wechselstellen), deren das Itinerar überhaupt nicht namhaft macht, sondern mansiones (Raststellen), in denen die Nacht zugebracht wurde, da die römische Staatspost den Nachtdienst nicht kannte. Diese mansiones sind aber keineswegs nach gleichen Entfernungen angebracht, was sich leicht erklärt, da hiebei die Terrainverhältnisse den Ausschlag geben. Es finden sich zweierlei Distanzen, solche von rund 20 und solche von 30 mp. Die ersteren fallen auf jene Strecken, wo schwieriges unebenes Terrain vorherrscht; so zwischen Virunum und Candalicae (Zollfeld—Gaudriz), Monate und Sabatinca (St. Georgen—St. Johann), Gabromagus und Tutatio (Pirn—St. Pankraz). Die anderen vertheilen sich auf die mehr ebenen Gegenden im Thale, wie zwischen Candalicae und Monate (Gaudriz — St. Georgen im Murthale), Tutatio—Ovilaba (Klaus—Wels). Nun findet sich aber auch zwischen Sabatinca und Gabromagus (St. Johann—Pirn) eine Distanz von 30 mp., obwol die Terrainverhältnisse hier recht schwierig sind; es ist nämlich darin für die Hinfahrt inbegriffen der letzte Anstieg auf dem Tauerngebirge (St. Johann—Hohentauern), die steile Thalfahrt über die Nordabhänge des Gebirges (Hohentauern bis Rottenmann), endlich der Anstieg auf den Pirn (Lietzen—Pirn). Noch auffallender wird diese Eintheilung für die Rückfahrt von Ovilaba nach Virunum. Da hatte man die ganze Strecke von Pirn abwärts durchs Ensthal und über Rottenmann, sodann die ganze Höhe des Tauerngebirges und noch darüber hinaus bis St. Johann jenseits der

---

[1] Mone 55.

Wasserscheide in einem Tage zurückzulegen; am folgenden Tag hingegen war nur die kurze Strecke (18 mp.) von Sabatinca (St. Johann) nach Monate (St. Georgen) und zwar meist abwärts, zum kleineren Theil in der Ebene zu machen. Das ist ein auffallendes Missverhältniss in der Eintheilung der Tagreisen. Weniger bedeutsam, aber immer noch scharf abstechend gegen die übrigen Distanzen der Route ist die letzte derselben (Tutatio – Ovilaba) von 35 mp., zumal wenn man bedenkt, dass nahezu die Hälfte dieser Strecke von Terrainschwierigkeiten keineswegs frei ist. Endlich kommt noch dazu, dass die Nachtherbergen nicht in den besuchteren, leichter mit Zufuhren erreichbaren Orten der Thäler, sondern auf den beiden Bergen, auf dem Pirn (Gabromagus) und auf dem Tauern (Sabatinca) lagen. Auch dies ist ein offenbarer Mangel in der Eintheilung der Tagreisen. Er mag aus der ursprünglichen einfacheren Gestaltung des Postdienstes herrühren, bei welcher es sich zunächst nur um die Beförderung von Staatscourieren handelte; es war damals kein Bedürfniss aus Rücksicht auf die Bequemlichkeit der Reisenden von dem Schema abzugehen, welches für die Vertheilung der Stationen bestand. Anders musste es aber werden, als die römische Cultur im Lande zunahm und unter den günstigen örtlichen Bedingungen, welche das gerade von unserer Strasse durchzogene Obersteier der Entwickelung des Gewerbefleisses darbot, eine äusserst regsame Mischcultur heranblühte; eben in dem Umkreise der alten Hauptstadt des Landes (Norcia) zeigen die Funde einen auffallend dichten Bestand von römisch-norischen Ortschaften an. Im Verhältniss dazu musste auch die Frequenz der Strasse bedeutend zunehmen und die Zahl derjenigen wachsen, welche theils von Rechtswegen die Vergünstigung genossen, durch die Staatspost befördert zu werden, theils diese erkauften oder irgendwie durch Missbrauch erwarben, — was nach den vielen Verordnungen, die dagegen erschienen, fast als der normale Zustand betrachtet werden darf. Bei solcher Vermehrung der Reisenden wurden die Mängel der älteren Einrichtung sehr empfindlich. Die kleinen schlecht versorgten Herbergen in armen hochgelegenen Orten, das Anhalten und Zusammentreffen vieler Fuhrwerke bei ihnen, die ungleiche Eintheilung der Tagreisen, all' das wurde ein Hemmniss des Fortkommens und eine Qual der Betheiligten. Eine Aenderung und Verbesserung in dieser Hinsicht musste endlich so sehr eine gebieterische Forderung der vielfach anders gewordenen Zeitverhältnisse sein, dass es sich nicht darum frägt, ob, sondern wann diese Forderung erfüllt worden sei.

Für diese Frage ist nun das Verhältniss der Tabula zum Itinerarium, von dem schon oben (S. 10 f.) die Rede war, von grosser Wichtigkeit. Allerdings führt die Tabula sämmtliche Stationen, die Pferdewechsel- und die Rast- oder Herbergestellen nebeneinander auf, aber sie bezeichnet sie weder als die einen noch die anderen ausdrücklich. Daher löst sie auch die Wegstrecken, welche an einem Tage gemacht wurden, in je zwei kleinere Distanzen auf, ohne errathen zu lassen, wo eine Tagreise begann und endete, all' dies im Gegensatz zum Itinerar, das nur die mansiones nennt. Um letztere in der Tabula aufzufinden, muss zunächst festgehalten werden, dass je zwei der in ihr aufgezeichneten Distanzen eine Tagereise geben, von den zwei betreffenden Orten also immer die eine die Wechselstelle, die andere die Herberge bezeichnet. Jeder zweite Ort ist also eine mansio. Es kommt nun darauf an zu untersuchen, von wo aus diese zweiten Orte zu nehmen sind, d. h. ob die Ausgangspuncte Virunum und Ovilaba (jenes für die Hin- dieses für die Rückfahrt) Nachtherbergen oder blosse Wechselstellen waren.

Wenn man voraussetzen würde — wie es an sich natürlich wäre — dass von den beiden Endpuncten aus die erste Tagreise voll zurückgelegt worden sei, so würden die Tagreisen und Mansionen folgende gewesen sein:

Für die Hinfahrt:

1) Virunum — Noreia (I) 27 mp.
2) Noreia (I) — ad pontem 27 mp.
3) Ad pontem — Surontium 19 mp.
4) Surontium — Gabromagus 30 mp.
5) Gabromagus — Tutatio 20 mp.
6) Tutatio — Ovilaba 22 (sic, 30) mp.;

für die Rückfahrt:

1) Ovilaba — Tutatio 22 (sic, 30) mp.
2) Tutatio — Gabromagus 20 mp.

3) Gabromagus—Surontium 30 mp.
4) Surontium—ad pontem 19 mp.
5) Ad pontem—Noreia (I) 27 mp.
6) Noreia (I)—Virunum 27 mp.

Dann wären die Uebelstände dieselben geblieben, Surontium (Hohentauern) und Gabromagus (Ob. Klaus am Pirn) waren abermals hochgelegene Herbergen, ersteres sogar noch höher als das entsprechende Sabatinca des Itinerars; die Tagreisen boten wieder das gleiche Missverständniss dar, namentlich für die Rückfahrt zwischen Gabromagus und ad pontem. Ja es wäre noch ein neuer Uebelstand zu den alten hinzugetreten, indem die Strecke Virunum—ad pontem in zwei Tagreisen von gleicher Weglänge hätte gemacht werden müssen, während doch der Weg der ersten Tagreise (Virunum—Noreia I) um vieles schwieriger ist, als jener der zweiten.

Aus diesen Gründen muss die Wahl der oben genannten Orte als mansiones und die damit zusammenhängende Eintheilung der Tagreisen, wie sie eben dargelegt wurde, als sehr unwahrscheinlich bezeichnet werden.

Auch liegt in der Tabula keinerlei Anzeichen dafür vor, dass Virunum und Ovilaba wirklich die Ausgangspuncte der Route waren; sie führt alle Strassen ineinandergreifend an, ohne durch Abschnitte und eigene Titel die einzelnen Routen so zu scheiden, wie es das Itinerarium thut. Man ist also auch nicht gezwungen anzunehmen, dass die erste Tagereise in Virunum begonnen, folgerichtig also die erste Nachtherberge in Noreia I u. s. w. gewesen sei und eben so umgekehrt von Ovilaba aus.

Es steht nichts im Wege anzunehmen, dass Virunum und Ovilaba für die Staatspost vielmehr nur Durchgangspuncte waren, in welchen von verschiedenen Richtungen her die Postwagen zu bestimmer Zeit, etwa am Mittage eintrafen, Depeschen und Reisende die an diesen Orten das Ziel ihrer Bestimmung fanden absetzten, die Pferde wechselten und sodann wieder nach verschiedenen Richtungen abfuhren. Für den Postdienst selbst war es ganz unerheblich, ob in Virunum und Ovilaba Wechsel- oder Raststellen waren; denn ihre wichtigsten Zielpuncte waren weder die eine dieser Städte noch die andere, solche waren vielmehr in der einen Richtung die Reichsgrenze oder der Sitz des Statthalters der Provinz, in der andern Rom. Ebenso hatte es für diejenigen, welche durch die genannten Städte nur durchreisten, keine Bedeutung, ob sie in einer Landstadt oder in einem kleineren Orte die Herberge fanden, wenn diese nur leidliche Bequemlichkeit und Sicherheit darbot. Für solche aber, welche in jenen Städten zu thun hatten, war es bequemer, um Mittag einzutreffen und am folgenden Mittag wieder abreisen zu können, als gezwungen zu sein, die Nacht nach der Ankunft, den ganzen folgenden Tag und eine zweite Nacht dort hinzubringen, bis sie am zweitfolgenden Morgen die Fahrt fortsetzen konnten.

Geht man nun von der Annahme aus, dass in Virunum und Ovilaba keine Nachtherbergen für den Postdienst, sondern nur Wechselstellen bestanden, so stellt sich die Eintheilung der Tagreisen zwischen beiden Städten folgendermassen:

Für die Hinfahrt:

$^1/_2$) Virunum—Matucaium als Theilstrecke 14 mp.
1) Matucaium—Noreia II (Viscellae) 26 mp.
2) Noreia II (Viscellae)—Tartusana 23 mp.
3) Tartusana—Stiriate 25 mp.
4) Stiriate—Ernolatia 23 mp.
5) Ernolatia – Vetoniana 27 mp.
$^1/_2$) Vetoniana – Ovilaba als Theilstrecke 15 mp.

Für die Rückfahrt:

$^1/_2$) Ovilaba – Vetoniana als Theilstrecke 15 mp.
1) Vetoniana—Ernolatia 27 mp.
2) Ernolatia—Stiriate 23 mp.
3) Stiriate—Tartusana 25 mp.
4) Tartusana—Noreia II (Viscellae) 23 mp.
5) Noreia II (Viscellae)—Matucaium 26 mp.
$^1/_2$) Matucaium – Virunum als Theilstrecke 14 mp.

Mit dieser Eintheilung sind alle oben genannten Uebelstände behoben, welche die ältere des Itinerars aufweist. Alle Herbergen liegen nun im Thale, nur Tartusana liegt etwas hoch, aber immer noch eine deutsche Meile tiefer als das Sabatinca des Itinerars. Im Thale konnten die Herbergen billiger und weitläufiger hergestellt, leichter und besser mit den Nothwendigkeiten für die Reisenden versehen werden, was bei der Zunahme der Frequenz von grosser Bedeutung war. Auch die Tagereisen sind nun gleichmässiger für Hin- und Rückfahrt und in völliger Uebereinstimmung mit der Beschaffenheit des Terrains.

Die Vortheile dieser Eintheilung sind so einleuchtend und den veränderten Zeitverhältnissen so entsprechend, dass man nicht wol mehr im Zweifel sein kann, welche von beiden oben besprochenen Annahmen die für die Tabula thatsächlich geltende gewesen sei; man muss in Wirklichkeit Virunum und Ovilaba als Wechselstellen betrachtet haben, als die Umgestaltung der Route vor sich ging. Diese Annahme ist durchaus die wahrscheinlichere; es handelt sich nur noch um den empirischen Beweis, dass an einem der Orte, die nach der neuen Eintheilung als mansiones erscheinen, eine solche in der That bestanden habe.

Diesen Beweis hat ein günstiger Zufall in den Ausgrabungen von Windischgarsten geliefert. Es wird von ihnen im zweiten Theil dieser Untersuchung die Rede sein; für jetzt möge als erwiesen und feststehend betrachtet werden, dass der nächst Windischgarsten aufgegrabene Complex von Bauten nichts anderes als die mansio von Ernolatia gewesen sei. Wenn aber in diesem Orte eine mansio war, so sind folgerichtig alle jene Orte auch mansiones gewesen, welche oben als solche angenommen wurden, nämlich von Ernolatia gegen Ovilaba zu: Vetoniana, gegen Virunum zu: Stiriate, Tartusana, Noreia II (Viscellae) und Matucaium. Das auch im Itinerar erscheinende Gabromagus und die den älteren mansiones entsprechenden Orte der Tabula: Noreia I, Ad pontem und Surontium sind dagegen jetzt nur mehr Wechselstellen.

Daraus folgt, dass in der Zeit nach Abfassung des Itinerars auf der Route Virunum—Ovilaba eine sehr tief eingreifende Veränderung stattgefunden habe, welche die Folge der alten Wechsel- und Herbergestellen verrückte und dorthin, wo ehemals mutationes lagen, oder doch in ihre Nähe mansiones verlegte und umgekehrt. Mit dieser Veränderung hängt augenscheinlich jene andere schon besprochene Thatsache zusammen, welche sich in der Tabula durch völlig neue Ortsnamen und durch die Verschiebung sämmtlicher Stationen um durchschnittlich nahezu 5 mp. äussert. Die beiden letzteren Erscheinungen sind nicht für sich bestehende Neuerungen, als welche sie in der That schwer verständlich sein würden, sondern sie bilden nur einen auffälligeren Bestandtheil jener tiefer eingreifenden Umgestaltung.

Der Zweck derselben war die Abschaffung der alten Uebelstände; um sie zu beseitigen, musste zunächst eine gleichmässigere Eintheilung der Wegstrecken, die an den einzelnen Reisetagen zu machen waren, dann eine Verlegung der Nachtherbergestellen an die tauglicheren Orte in den Thälern erfolgen. Das wurde erreicht, indem erstens die Herbergen in Virunum und Ovilaba aufgehoben und dort nur Wechselstellen angelegt, und indem zweitens die Stationen um durchschnittlich 5 mp. weiter gegen Norden gerückt wurden.

Ohne Zweifel ist man dabei von den Uebergängen über's Gebirge und von der Beseitigung der hochgelegenen Mansionen auf denselben ausgegangen, welche eben die grössten Schwierigkeiten verursachten. Nachdem sie einmal überhaupt aufgelassen werden sollten, gab es kein Hinderniss mehr, die Fahrten über beide Berge, statt sie durch die Nachtherbergen zu unterbrechen, in angemessener Weise als je eine ganze Tagreise für sich zu behandeln.

Der Weg über den Tauern beträgt 19 mp., von denen beinahe gleiche Hälften auf die beiden Abhänge bis zum Gipfel entfallen. Damit war es von selbst gegeben, die eine Nachtherberge am südlichen Fusse bei Möderbruck (Tartusana), die andere an den nördlichen Fuss, die Wechselstelle aber auf die Höhe des Gebirges nach Surontium zu verlegen. So hatte man einen festen Punct gewonnen, von welchem alle übrigen Tagreisen gegen Virunum und gegen Ovilaba zu eingetheilt werden mussten. Zunächst kommen jene in Betracht. In der Richtung gegen Virunum waren von Tartusana aus noch 63 mp. zurückzulegen; man konnte diese Strecke in zwei Tagreisen zu je $31^1/_2$ mp. oder in drei zu je 21 mp. abtheilen. Allein in beiden Fällen ergaben sich Schwierigkeiten.

Im ersten Falle wären nämlich die Tagreisen für das schwierige Terrain zwischen Virunum und dem Murthale (Teuffenbach), dann zwischen diesem (Pichl) und Möderbruck zu gross gewesen. Die Eintheilung in drei Reisetage würde aber — im andern Falle — die Dauer der Reise verlängert haben, was nicht angieng. Denn die Aufgabe war eben innerhalb des gegebenen Rahmen von sechs Reisetagen die Eintheilung der Stationen zu verbessern. Hingegen wenn die Nachtherberge nicht auf Virunum entfiel, sondern weiter herwärts gegen Norden zu verlegt wurde, dann liessen sich sehr wol zwei Tagreisen von entsprechender Länge bilden. Für die Bestimmung derselben war die Berücksichtigung des Terrains massgebend. Das letztere zerfällt auf der Strecke von Tartusana bis Virunum in drei deutlich gesonderte Theile: das Thal des vom Tauern herabfliessenden Pölsbaches bis zu dem Puncte bei Pichl, wo es in das Murthal mündet, die Richtung desselben ist die südliche; dann das Murthal selbst, soweit es von der Strasse durchzogen wurde, d. h. von dem ebengenannten Punct bis Teuffenbach, die Richtung ist hier die westliche; endlich die von hier aus wieder südlich ins Gebiet der Gurk hinabführenden Thäler und Schluchten. Im ersten Theile betrug die Wegstrecke 9 mp. (Möderbruck bis Pichl); der Weg geht grösstentheils abwärts, die Strecke hätte also, wenn blos die Thalfahrt zu berücksichtigen gewesen wäre, auch länger angenommen werden können; sie wurde dies aber nicht, weil für die Reise in umgekehrter Richtung, d. h. für die Hinfahrt von Virunum nach Ovilaba eben die Bergfahrt in Rechnung zu bringen war. Aus demselben Grunde war auch im Itinerar die entsprechende Strecke mit 9 mp. angesetzt. An ihrem Ende lag nun die Brücke über die Mur und an dieser die Wechselstelle ad pontem. Im zweiten Theile, die Mur aufwärts, betrug die Strecke 14 mp. und endete bei einem schon vorhandenen Orte (Noreia II, Viscellae), der sich sehr gut zur Anlage einer Herberge schickte, da in der Tabula gerade solche Distanzen (von 14 mp.) für eine halbe Tagreise bei etwas günstigem Terrain eingehalten werden. Das gleiche Ausmass ward auch im dritten Theile zu Grunde gelegt. Man gab die nächste Wechselstelle nach dem uralten Noreia, weil es 13 mp. weiter südlich lag, also in der Gegend, wohin die Station zu stehen kam, sich ein bewohnter Ort schon vorfand; mit einer gleichen Distanz kam man endlich nach Matucaium, wo wieder eine Nachtherberge einfiel.

So war der von Tartusana nach Matucaium in einer Länge von 49 mp. sich erstreckende Weg in zwei Tagereisen von 23 und 26 mp. abgetheilt, deren Ungleichheit nur daher rührt, dass nicht genau nach je $24^1/_2$ mp., sondern in den genannten Zwischenräumen sich mehr oder weniger dicht bevölkerte Orte zeigten. Der Rest von 14 mp., der noch bis Virunum zu machen war, konnte ohne ungebührliche Verlängerung der letzten Tagreise nicht mit der vorletzten Strecke vereinigt werden, die dadurch auf 40 mp. gestiegen wäre; er konnte nur so hereingebracht werden, dass man ihn als Hälfte einer Tagreise einrichtete, welche in Virunum ihre Wechselstelle hatte.

In der anderen Richtung gegen Ovilaba zu gab es zwei Momente, welche für die Eintheilung der Tagereisen zu berücksichtigen waren, der Uebergang über den Pirn, der wie jener über den Tauern, nun an einem Tage gemacht werden sollte und zwar am nächsten Tage nach der Uebersetzung des Tauern, dann der Umstand, dass jenseits des Pirn ein strategisch wichtiger Punct, Ernolatia, mit einem Castelle vorhanden war und die Vorsicht es gebot, die entsprechende Nachtherberge wegen grösserer Sicherheit in die nächste Nähe dieses Castelles zu verlegen.

Die Thalfahrt über die Nordabhänge des Tauern hinab in den Boden des Paltenbaches dehnt sich von Surontium aus 9 mp., womit man bis zu dem h. Orte Schwarzenbach kam. Es hätte folgerichtig schon hier die Nachtherbergestation stehen sollen, sowie Tartusana knapp am südlichen Fusse des Gebirges angelegt wurde. Allein Schwarzenbach liegt von der Stelle der nächsten Herberge, Ernolatia, 29 mp. ab, eine Strecke, die für den nächsten Reisetag zu lang war, zumal da in ihr für die Hin- wie Rückfahrt der Uebergang über den Pirn inbegriffen war. Man musste also auch zur Fahrt über die Nordseite des Tauern hinab einige millia passuum zugeben, um die Wegstrecke der nächsten Tagreise abzukürzen. Nun lag 6 mp. von dem h. Schwarzenbach die Ortschaft Stiriate; wenn man die Strecke bis dahin, die gar keine Schwierigkeit darbot, noch zugab, blieben für den folgenden Tag nur mehr 23 mp. zu machen, was trefflich zu den auch sonst in der Tabula vorkommenden Distanzen passt; überdies gewann man für die Nachtherberge einen bewohnten Ort.

Es zerfiel also der Uebergang über den Tauern in zwei an einem Tage zu machende Strecken von 10 mp. bis zur Wasserscheide hinauf und 15 mp. am jenseitigen Abhange hinunter.

Der letztere Theil der Reise war für die Hinfahrt ohne Schwierigkeit, da der Weg durch 9 mp. abwärts und der Rest — die zugelegte Strecke von 6 mp. — ebenausging. Auf der Rückfahrt war dieser Theil beschwerlicher, indem erst im Thale die Strecke von Stiriate bis zum Fusse des Gebirges zu machen war, dann kamen 9 mp. eines ziemlich steilen Weges, bis man zur Wechselstelle gelangte. Allein diese Bergfahrt ist ohne ausgiebige Vorspann überhaupt nicht zu denken, durch sie wurde die grössere Beschwerlichkeit dieser einen Hälfte der Tagreise ausgeglichen; auch war dafür die zweite Hälfte um so kürzer und leichter zu bewerkstelligen, da sie 10 mp. abwärts ging.

Gerade umgekehrt ist das Längenverhältniss jener beiden Strecken, die am folgenden Tage zu machen waren. Die grössere Hälfte — Stiriate bis Gabromagus 15 mp. — war auf der Hinfahrt zuerst zu machen, die kleinere — Gabromagus—Ernolatia 8 mp. — bildete den zweiten Theil der Tagreise. Von der ersteren Hälfte bewegte sich der grössere Theil (8 mp.) im Thale des Paltenbachs und der Ens (Rottenmann—Lietzen), der kleinere 7 mp. bis über die Wasserscheide auf dem Pirn, wo die Wechselstelle Gabromagus lag. Nachdem diese erreicht war, hatte man nur mehr 8 mp. abwärts bis Ernolatia zu machen. Die Kürze der letzteren Strecke war, wie am Tauern die Strecke ad pontem—Tartusana, auf die Bergfahrt (bei der Rückreise) berechnet und hing zugleich mit dem Umstande zusammen, dass eben in Ernolatia ein Castell bestand, wo die Nachtherberge am sichersten untergebracht werden konnte. Von dem letzteren Puncte weg bis Ovilaba ergab sich die Eintheilung von selbst. Die Distanz beträgt 42 mp., die an einem Tage nicht zu machen war. Man legte die Herberge an der früheren Wechselstelle bei Vetoniana an, das 27 mp. von Ernolatia entfernt ist und schuf die alte Herberge von Tutatio in eine Wechselstelle um; der erste Theil dieser Tagreise betrug alsdann 12, der zweite 15 mp., was in richtigem Verhältnisse zur Bodenbeschaffenheit steht; denn diese ist in jenem Theile schwieriger, als in diesem. — Die Strecke Vetoniana—Ovilaba endlich wurde als Theil der folgenden Tagreise angenommen; es konnte dies sehr wol geschehen, da man bis Vetoniana erst fünf und eine halbe Tagreise gemacht hatte, zu dem Ausmasse von sechs Tagreisen also noch eine halbe fehlte.

Die Vergleichung dieser Eintheilung der Tagreisen mit jener des Itinerars erklärt die stetige Verschiedenheit der Distanzen, von der schon öfter die Rede war. Es muss bei dieser Vergleichung wol im Auge behalten werden, dass die den neuen Herbergen entsprechenden alten Stationen die Wechselstellen des Itinerars sind, welche in diesem jedoch nicht genannt werden; sie sind in der vorne eingelegten Tabelle (S. 367) durch die eingeklammerten neuen Ortsnamen gekenntzeichnet. Umgekehrt entsprechen die neuen Wechselstellen zunächst den alten Mansionen.

Da die erste Nachtherberge des Itinerars (Candalicae) 20 mp. von Virunum entfernt lag, ist sehr wahrscheinlich, dass die erste Wechselstelle des Itinerars in halber Entfernung — 10 mp. von Virunum — lag. Gegen diese erste Station des Itinerars steht die erste Station der Tabula (Matucaium XIIII) um 4 mp. ab. Man legte also schon auf dieser Strecke bei der neuen Eintheilung der Tagreisen 4 mp. zu. Gegen die zweite Station des Itinerars (Candalicae 20 mp.) sticht die zweite der Tabula (Noreia I, 27 mp.) schon um 7 mp. ab; dies ist ein Zeichen, dass man auf der letzteren zu dem schon vorhandenen Plus von 4 mp. noch 3 zugegeben habe; man kam also in den beiden ersten halben Tagreisen nach der neuen Einrichtung jener des Itinerars um 7 mp. voraus. Dieser Vorsprung wird in den beiden folgenden halben Tagreisen wieder fast um die Hälfte kleiner; das Itinerar setzt sie zu 30 mp. (Candalicae—Monate), die Tabula nur zu 27 mp. (Noreia I bis ad pontem) an, also um 3 mp. geringer, so, dass der Unterschied wieder nur 4 mp. beträgt.[1] In der nächsten halben Tagreise bleibt der Vorsprung der Tabula unverändert, sie zählt von ad pontem bis Tartusana ebenso wie das Itinerar von Monate bis zur einfallenden Wechselstelle nur 9 mp., so dass diese letztere und das ihr entsprechende Tartusana noch immer

[1] Es verliert die Tabula in der einen halben Tagereise 2 mp. (Die Wechselstelle des Itinerars bei Neumarkt ist 35, die entsprechende Nachtherberge der Tabula (Noreia II) 40 mp. von Virunum entfernt.) Der Unterschied beträgt nicht mehr 7, sondern nur mehr 5 mp. In der zweiten Hälfte verliert die Tabula abermals 1 mp. (Monate 50, Viscellae 54 mp. von Virunum).

vier mp. von einander entfernt sind (59 und 63 mp.). Dagegen in der folgenden halben Tagreise (von Möderbruck bis auf die Höhe des Tauern) gewinnt die Tabula wieder 1 mp. Vorsprung, so dass dieser jetzt 5 mp. beträgt, eine Differenz, die mit nur einer Ausnahme bis zum Ende der Route sich gleich bleibt. Die Ausnahme bildet die Herberge Ernolatia (111 mp. von Virunum), welche von der entsprechenden Wechselstelle des Itinerars (bei Spital am Pirn, 108 mp. von Virunum), nicht um 5, sondern nur mehr 3 mp. differiert. Von der nächsten Herberge des Itinerars Tutatio (118 mp. von Virunum) steht Ernolatia folgerichtig um so viel mehr mp. ab, als es der ebengenannten ausnahmsweise nahe liegt; der Unterschied beträgt nicht 5, sondern 7 mp. Dagegen in den übrigen Distanzen bleibt der Unterschied auf 5 mp. stehen.

Um dies gegenseitige Verhältniss und zugleich die Verschiedenheit in der Eintheilung der Tagreisen, wie sie vor und nach der Umgestaltung der Route bestand, übersichtlich zu machen, dazu dient die folgende Tabelle; die erste Columne stellt die ältere Eintheilung, die zweite die Streckenlänge nach dem Itinerar und zwar in halbe Tagreisen aufgelöst dar. In der dritten Columne stehen die halben Tagreisen, wie sie die Tabula gibt, endlich in der letzten die neue Eintheilung der Tagreisen. Die Klammern in der zweiten und dritten Columne sollen ersichtlich machen, in welcher Weise je zwei halbe Tagreisen zu einer zusammengefasst wurden, sowol nach der alten als nach der neuen Eintheilung. (S. Seite 47.)

Vergleicht man die einzelnen halben Tagreisen des Itinerars mit jenen der Tabula, so ersieht man, dass nur die vier ersten und die letzte durchaus geändert wurden; bei der sechsten beträgt der Unterschied nur 1 mp. Die fünfte, siebente, achte und elfte sind vollkommen gleich; die neunte und zehnte haben zusammen das gleiche Wegmass von 20 mp. und sind nur in der Abtheilung desselben verschieden. Der Vorsprung, welchen die Tabula mit der sechsten halben Tagreise über das Itinerar erlangt, beträgt 5 mp., also genau so viel als das plus ausmacht, um welches die letzte halbe Tagreise des Itinerars über das Normale von 15 mp. hinausgeht; sie hat 20 mp. Länge, also um 5 mp. mehr als sonst auf der ganzen Route als höchstes Mass für eine halbe Tagreise vorkommt. Durch

Itinerar:		Tabula:	
Zahl und Länge der Tagreisen:	Länge der halben Tagreisen:	Länge der halben Tagreisen:	Zahl und Länge der Tagreisen:
I, 20 mp. und zwar:	10	14	1. halbe Tagreise
	10	13	. . . . I, 26 mp.
II, 30 mp. und zwar:	15	13	
	15	14	. . . . II, 23 mp.
III, 18 mp. und zwar:	9	9	
	9	10	. . . . III, 25 mp.
IV, 30 mp. und zwar:	15	15	
	15	15	. . . . IV, 23 mp.
V, 20 mp. und zwar:	10	8	
	10	12	. . . . V, 27 mp.
VI, 35 mp. und zwar:	15	15	
	20	15	2. halbe Tagreise

den Vorsprung, den die neue Eintheilung der Stationen ermöglicht, wurde diese abnorme Länge der letzten Strecke beseitigt und auf das gewöhnliche Mass herabgesetzt. Dies war aber nicht der einzige oder Hauptzweck der Neuerung, sondern nur ein nebenher sich ergebender Vortheil der neuen Eintheilung.

Wichtiger ist die Erscheinung, dass die Abänderungen in den Längen der einzelnen halben Tagreisen nur am Anfang und Ende der Route vorgenommen wurden. Zwischen dem 59. und 138. Meilensteine (von Virunum aus), also auf eine Strecke von 79 mp. beträgt die Veränderung nur 1 mp. Auf dieser Strecke muss die Abtheilung der einzelnen halben Tagreisen von Natur aus durch die Terrainverhältnisse gegeben gewesen sein, so dass sie in keiner Weise geändert, weder verlängert, noch verkürzt werden konnte. Mit den Entfernungen aber dieser Strecke von Virunum aus fallen in der That gerade die beiden Gebirgsübergänge über den Tauern und Pirn zusammen. Es liegt darin ein neuer Beweis, dass die Strasse den Rottenmanner Tauern übersetzt habe; wäre sie in der Ebene durchs Mur- und Paltenbachthal gegangen, so hätte man nicht nöthig gehabt, die Veränderungen in den Längen der Tagreisen auf den Anfang und das Ende zu beschränken, es würden sich die Differenzen recht gut auf die verschiedenen Stationen der beiden lange gestreckten Thäler haben vertheilen lassen. Da aber die Richtung über das Hochgebirge genommen wurde und da die Strasse nur am Beginne und Ende der Route sich im Thale bewegte, konnten auch jene Veränderungen nur am Beginne und Ende der Fahrt vorgenommen werden. Der Abstand der neuen Stationen gegen die alten schwankt daher im ersten Theile der Route zwischen 4, 7, 5 und 4 mp., im zweiten Theile beträgt er constant 5 mp., die einzige Station Ernolatia ausgenommen.

Diese durchgängige Verrückung der Stationen machte die Neuherstellung der betreffenden Gebäude nothwendig; es lässt sich leicht denken, dass beides, Wechsel- und Herbergestellen, namentlich aber die letzteren weitläufiger und bequemer eingerichtet wurden, als dies früher der Fall gewesen war. Die älteren Stationen mögen, wenn ihre Namen uns gleich erst aus dem Itinerar, das in der Epoche des Septimius Severus abgefasst wurde, bekannt werden, doch aus viel älterer Zeit stammen, welche die Bedürfnisse der Reisenden, wie schon bemerkt wurde, nur auf das nothwendigste beschränkt hatte. Jetzt erscheinen die Herbergen durchaus im Thale, sie selbst und die Wechselstellen zeigen mit zwei Ausnahmen lauter neue Namen, die Tagreisen sind bequemer und gleichmässiger eingetheilt.

Es ist kein Zweifel, dass alle diese Veränderungen ineinandergreifend durchgeführt wurden, dass also eben damals, als die Stationen an andere Orte kamen, die nur kurze Abstände von den alten Stationen zeigen, auch die Herbergen von den hochgelegenen Orten in's Thal verlegt und die abwechselnden Folgen zwischen Wechsel- und Raststellen umgekehrt wurden, womit die neue Eintheilung der Tagreisen sich von selbst ergab. Aus diesem inneren Zusammenhange all' der genannten Veränderungen folgt wieder, dass die ganze Umgestaltung zur Zeit, als die Tabula abgefasst wurde, schon vollzogen war; denn diese nennt ja eben lauter neue Stationen und verräth uns die Verschiebung derselben um durchschnittlich 5 mp. Zur Zeit des Alexander Severus (222—235), welcher die Tabula in der ursprünglichen Abfassung angehört, bestand daher die neue Eintheilung der Route schon. Es lässt sich aber leicht absehen, dass die Umgestaltung ein Werk von mehreren Jahren war und es frägt sich daher, ob dasselbe nicht schon vor Alexanders Zeit begonnen worden sei oder ob diesem allein das Verdienst davon zugeschrieben werden müsse. Man könnte zunächst an jene grosse durchgreifende Restauration der Strassen denken, welche Septimius Severus unternahm, um die vielfachen in den Markomannenkriegen eingetretenen Beschädigungen gutzumachen. Allein die Meilensteine mit seinem Namen, die gerade in Noricum überraschend häufig auftreten, beweisen, soweit sie datirbar sind — was bei der Mehrzahl der Fall ist — dass die Restauration der norischen Strassen im J. 201 bereits abgeschlossen [1] war. Das mit der genannten Restauration innerlich zusammenhängende Itinerar zeigt nun, dass eben damals die alte Eintheilung der Tagreisen und Stationen noch beibehalten wurde. Dies ist auch aus dem Grunde wahrscheinlich, als die Vorsorge des K. Septimius Severus für den Strassenbau weit mehr vom strategischen Gesichtspuncte ausging, als vom commerciellen, ihr vorzüglichstes Motiv ist die Sicherung der militärischen Verbindung der Donauländer mit Italien.

Von den zunächst auf ihn folgenden Regenten ist eine Thätigkeit in dieser Beziehung weder zu erwarten, noch auch nachweisbar. Zwar existiren auch von Alexander Severus im Bereiche unserer Route keine Meilensteine, wie sich auf ihr deren überhaupt, mit Ausnahme des in Treibach aufgegrabenen nicht gefunden haben. Dieser Umstand bildet aber kein erhebliches Hinderniss, dem eben genannten Kaiser die Umgestaltung unserer Route dennoch zuzuschreiben; denn dieselbe betraf die einzelnen Meilensteine nicht; sie zählten wahrscheinlich der Reihe nach von Virunum nach Ovilaba die Distanzen ununterbrochen fort, so dass ihre Angaben von der neuen Eintheilung nicht berührt wurden und kein Anlass vorlag, die schon vorhandenen durch neue zu ersetzen. Dagegen liegt eine grosse Sorgfalt des Kaisers Alexander für das Postwesen des gesammten Reiches ganz in den Tendenzen seiner Regierung, welche

---

[1] Vgl. Ber. u. Mitth. des Wiener Alterthumsvor. XI. Bd. S. 143.

für das Wol seiner Unterthanen und für das Gedeihen des Reiches in umfassender Weise besorgt war. —

Zum Schluss ist noch einiger Puncte zu gedenken, welche einer kurzen Erörterung bedürfen. Zunächst die Erscheinung, dass die Tabula unter ihren Stationen zwei mit dem alten Namen, die auch im Itinerar erscheinen (Gabromagus und Tutatio), die andern mit lauter neuen Namen bezeichnet. Es war schon die Rede davon, dass die Orte Gabromagus und Tutatio wahrscheinlich ebenso wie die heutigen Orte Klaus und Steierling sich auf eine sehr weite Strecke Weges ausbreiteten, so dass die Stationen ungeachtet der Verrückung um 5 mp. noch immer in dieselbe Ortschaft oder doch in ihre nächste Nähe zu stehen kamen, daher auch mit vollem Rechte noch später den alten Namen tragen konnten. Hingegen südwärts von Pirn müssen die norisch-römischen Niederlassungen so dicht neben einander gestanden haben, dass man 4 bis 5 mp. von den im Itinerarium genannten Orten entfernt, wieder andere Ortschaften mit eigenen Namen traf und die neuen Stationen der Tabula nach diesen bezeichnet werden konnten. Die Verschiedenheit der Ortsnamen jenseits des Pirn ist also ein neuer Beweis für den dichten Bestand der Ansiedlungen in jenen Gegenden; er wird bestätigt durch die grosse Menge von keltischen und römischen Funden, die dort fast in jedem Orte gemacht werden, und auf welche im Vorübergehen schon oben hingewiesen wurde.

Ein anderer Punct, der noch zu berühren ist, betrifft die unrichtigen Angaben für die letzte Distanz der Route, sowol in der Tabula als im Itinerarium. Die erstere giebt die Entfernung von Tutatio nach Ovilaba auf 22 mp. an, mit den Theilstrecken (Tutastione —) Vetonianis XI, Ovilia XI. Die factische Entfernung von Klaus nach Petenbach, von hier nach Ovilaba beträgt je 15 mp. Es ist nun sehr wol denkbar, dass die ursprünglich auf dem Original der Tabula stehende Zahl XV für XI verlesen wurde, zumal wenn der zweite Schrägstrich wie V schlecht erhalten und die Schrägstellung des ersten Striches nicht deutlich ausgedrückt war. —

Schwieriger ist es zu erklären, wie in das Itinerarium zum letzten Ortsnamen Ovilabis die Distanz XX mp. gekommen sei. Ich vermuthe folgende Entstehungsursache dieses Fehlers.

Nach der oben geschehenen Darlegung fällt das Tutatio des Itinerars auf St. Pankraz. Die Entfernung dieses Ortes von Wels (Ovilaba) beträgt in keiner Richtung weniger als 35 mp. Es handelt sich nun für das folgende zu wissen, wo die im Itinerar nicht namhaft gemachte Wechselstelle der Strecke Tutatio-Ovilaba sich befunden habe. Würde man annehmen, dass sie in der Hälfte der Strecke angelegt worden sei, so wäre sie 17½ mp. von beiden Endpuncten zu suchen. Allein es sprechen dagegen zwei Umstände; erstlich ist das Terrain zwischen Klaus und Wels nicht so gleichmässig, dass man darauf bei der Eintheilung der Wechselstellen gar keine Rücksicht hätte zu nehmen gebraucht; vielmehr ist es im ersten Theile um vieles schwieriger als im andern, wo die Strasse in das von sanften Hügeln durchzogene Gebiet des Peten- und Aiterbaches hinaustritt. Daher ist zu erwarten, dass man dem entsprechend die erste schwierigere Strecke kürzer, die andere länger gemacht, die Wechselstelle also nicht gerade in der Mitte werde angelegt haben. Zweitens hat sich oben gezeigt, dass die Abstände der Stationen des Itinerars gegen jene der Tabula vom Tauern an bis Ovilaba constant 5 mp. betragen habe, mit einziger Ausnahme von Ernolatia, welche Ausnahme aber auf einem ganz bestimmten Grunde beruht. Es folgt daraus, dass die spätere Nachtherberge Vetoniana 5 mp. nördlich von der ehemaligen Wechselstelle des Itinerars, die auf der Strecke Tutatio-Ovilaba errichtet war, gelegen gewesen sei. Alsdann lag diese Wechselstelle bei dem h. Inzersdorf, 15 mp. von Tutatio und 20 mp. von Ovilaba entfernt; zu dieser Eintheilung stimmt die oben berührte Terrainbeschaffenheit sehr wol, welches gerade bis in die Gegend von Petenbach schwieriger ist, von dort bis Wels aber flacher wird.

Bei der Abfassung des Itinerars haben nun gewiss officielle Detailangaben über die Wechsel- und Herbergestellen sammt deren Entfernungen vorgelegen, aus denen dann mit Uebergehung der Wechselstellen die Tagreisen für das Itinerar zusammengestellt wurden, indem man die Distanz der mutatio zur Distanz der nächstfolgenden mansio hinzuzählte.

Vergegenwärtigt man sich diese Art bezüglich der in Frage stehenden Strecke, so mögen die Detailangaben gelautet haben:

A Tutatione ad mutationem (den Namen kennen
wir nicht, h. bei Inzersdorf) . . . . XV mp.
Ad mansionem Ovilaba . . . . XX mp.

Daraus sollte für die Stationenreihe des Itinerars die Angabe:

(Tutatione)
Ovilabis . . . . XXXV mp.

gebildet werden. Es ist nun sehr wol denkbar, dass sich der mit dieser Arbeit betraute Beamte einmal versehen, die beiden Distanzen 15 und 20 mp. nicht zusammengezählt, sondern in die betreffende Stelle nur die zweite Detaildistanz (Ovilabis XX mp.) unverändert eingestellt habe. Demnach wäre der Fehler schon im Originale vorhanden gewesen, wozu es denn auch stimmt, dass alle Codices übereinstimmend zwischen Tutatio und Ovilaba die Distanz XX haben.

Endlich ist noch die Grösse der Tagreisen mit der Fahrgeschwindigkeit zu vergleichen. Die Tagreisen zwischen je einer und der folgenden Nachtherberge sind sehr klein. Durchschnittlich beträgt die zurückgelegte Strecke $25^1/_2$ mp. auf einen Tag d. i. 5 deutsche Meilen und 12 Minuten. Die kleinste Tagreise ist im Itinerar 18 mp. oder $3^3/_5$ Meilen, die grösste ist 35 mp. oder 7 Meilen; in der Tabula ist die kleinste 19 $(3^4/_5)$ die grösste 30 mp. (6 Meilen). Zunächst sind diese Zahlen mit zwei uns zufällig aus dem Alterthume überlieferten Fällen zu vergleichen, aus denen etwas Bestimmtes für die Fahrgeschwindigkeit abgenommen werden kann.

Aus dem Beginn der Kaiserzeit wird es als etwas Merkwürdiges erwähnt, dass Tiberius, als er seinen in Germanien krank darniederliegenden Bruder Drusus besuchte, 200 mp. in 24 Stunden gemacht habe.[1]) Er legte also 40 Meilen in 24 Stunden oder $8^1/_3$ mp. d. i. 3 Stunden und 20 Minuten Weges

[1] Plinius hist. nat. VII 20, 20.

in einer Fahrstunde zurück, wol ein Beispiel der grössten Geschwindigkeit, mit welcher ein Prinz zu jener Zeit reiste. Sie wird aber übertroffen von einem andern Falle, in welchem der Weg zwischen Antiochia und Constantinopel, der 750 mp. d. i. 150 deutsche Meilen beträgt, in sechs Tagen zurückgelegt ward;[1] dies wird eine zehnfache Geschwindigkeit genannt. Daraus folgt, dass an einem Tage 125 mp. (25 deutsche Meilen) und, da an Nachtreisen dabei kaum zu denken ist, der Reisetag also zu 12 Stunden angenommen werden muss, $10^5/_{12}$ mp. oder 4 Stunden und 10 Minuten Weges in einer Fahrstunde gemacht wurden, was der halben Geschwindigkeit unserer Eisenbahnen sehr nahe kommt. Weiter ergiebt sich daraus, dass die einfache Geschwindigkeit 12.5 mp. auf den Tag betrug. Da dies nur 5 Wegstunden ausmacht, kann der einfachen Geschwindigkeit nur jene eines mässig schnell fortwandelnden Fussgängers, und auch diese nur durchschnittlich, d. h. mit Einrechnung von Terrainschwierigkeiten zu Grunde gelegt sein.

Es handelt sich nun darum, das Multiplum dieser Geschwindigkeit, welches bei der römischen Post als gewöhnliches Mass zu Grund gelegt worden sei, zu finden. Hierüber giebt das Itinerarium Hierosolymitanum insoferne einen Fingerzeig, als es ausdrücklich die einen Orte als mutationes, andere wieder als mansiones bezeichnet, so dass über die Länge der Wegstrecken zwischen je zwei mutationes und je zwei mansiones kein Zweifel sein kann. So führt es auf der Strecke von Arelate nach Mediolanum[2] (Arles-Mailand) d. i. auf 486 mp. 23 mutationes und 21 mansiones, zusammen also 44 Stationen an, so dass auf eine durchschnittlich $11^2/_{44}$ mp. entfallen. Auf der Strecke zwischen Mediolanum und Aquileja, 229 mp., nennt es 14 mutationes und 8 mansiones, zusammen 22 Stationen zu $10^{21}/_{22}$ mp. durchschnittlich. Zwischen Aquileja und Sirmium (411 mp.) werden 23 mutationes und 14 mansiones, zusammen 37 Stationen zu je $11^4/_{37}$ mp. angeführt;

---

[1] Vgl. Pauly R. E. IV; 1498 f.

[2] P. 553 f. (Wess.). Die erste Route Burdigala — Arillate übergehe ich, da die Weglänge theils in Leugen, theils in millia passuum angegeben wird.

zwischen Sirmium und Serdica (306 mp.) entfallen auf die namhaft gemachten 34 Stationen je 9 mp., zwischen Serdica und Constantinopolis (345 mp. in 37 Stationen) je $9^{12}/_{37}$,[1] zwischen Nicomedia und Ancyra (222 mp. mit 24 Stationen[2]) je $9^{1}/_{4}$ mp., zwischen Ancyra und Tarsus (301 mp. mit 23 Stationen) je $13^{2}/_{23}$ mp.;[3] in derselben Weise entfallen noch zwischen Tarsus und Antiochia je $14^{2}/_{10}$ mp., zwischen Antiochia und Tyrus je $10^{17}/_{24}$ mp. Wird von diesen neun durchschnittlichen Längen der Stationen wieder der Durchschnitt berechnet, so stellt er sich auf etwas mehr als $11^{5}/_{9}$ mp., so dass man in der That 11 bis 12 mp. als das gewöhnliche Mass des Weges von einer zur andern Wechselstelle annehmen kann. Im Einzelnen und effectiv sind die Strecken freilich ungleich, bewegen sich aber doch innerhalb sehr enger Grenzen. Von den 214 Stationen, die auf den vorgenannten Routen aufgeführt werden — Anchira und Tiana abgerechnet — haben 59 die Länge von 11, 47 die Länge von 12, 32 die von 9 und 21 die von 8 mp., d. h. 159 Stationen sind zwischen 8 und 12 mp. lang, von ihnen schwankt wieder die grosse Mehrzahl (106) zwischen 11 und 12 mp. Von den übrigen 55 Stationen zählen 32 über 12,[4] 23 unter 12 mp.[5]

Dieses Ergebniss kommt jenem sehr nahe, das oben aus dem Falle gewonnen wurde, in welchem eine Strecke von 125 mp. auf einen Tag als ein Erfolg zehnfacher Geschwindigkeit erscheint. Auch auf der Route Virunum—Ovilaba lässt sich eine ähnliche Wahrnehmung machen. Der Weg von 153 mp. wird im Itinerarium auf sechs, in der Tabula auf zwölf Stationen vertheilt; dort sind damit ganze zu $25^{1}/_{2}$, hier halbe

[1] Die Strecke Constantinopolis—Nicomedia wird wegen der hier einzurechnenden Meerfahrt übergangen.

[2] Die Endstation (Anchira . . .), bei der im Original die Meilenzahl fehlt, nicht gerechnet.

[3] Auch hier die Station Tiana wegen mangelnder Meilenzahl nicht gerechnet.

[4] Nämlich 3 Stationen zu 18, 2 zu 17, 9 zu 16, 1 zu 15, 4 zu 14 und 13 zu 13 mp. Es ergiebt sich, dass von diesen 32 Stationen diejenigen, welche der Meilenzahl 11 und 12 in der Länge am nächsten kommen, d. h. jene zu 14 und 13 mp. für sich die eine Hälfte (17 Stationen), alle andern zusammengenommen (15 Stationen) die andere ausmachen.

[5] Nämlich 2 Stationen zu 4, 1 zu 5, 12 zu 6, 8 zu 7 mp.

zu $12^3/_4$ mp. im Durchschnitte gemeint, indem die dort übergangenen Wechselstellen hier aufgenommen sind. In der That lässt sich also auch unsere Route in halbe Tagreisen von effectiv 8 bis 14, durchschnittlich von $12^3/_4$ auflösen.

Zu diesem Ausmasse der einzelnen Stationen stellt sich die Entfernung einer mansio von der andern, also die Länge einer Tagreise gleichfalls in ein bestimmtes Verhältniss, indem sie auf das Doppelte der ersteren auskommt. Nach dem Itinerarium Hierosolymitanum beträgt die Länge einer Tagreise auf der etwas schwierigen Fahrt zwischen Arelate und Mediolanum durchschnittlich $24^1/_2$ mp.,[1] auf jener grösstentheils in der Ebene sich bewegenden zwischen Mediolanum und Aquileja fast 30 mp., zwischen Aquileja und Sirmium $24^3/_{17}$, zwischen Sirmium und Serdica $23^7/_{13}$, zwischen Serdica und Constantinopel $19^1/_6$, zwischen Nicomedia und Ancyra $22^1/_5$, von hier bis Tarsus $23^1/_3$, von hier bis Antiochia $23^2/_3$, endlich von hier bis Tyrus $23^4/_{11}$ mp. im Durchschnitte. Wenn von diesen Durchschnittszahlen wieder der Durchschnitt genommen werden soll, so beträgt die Entfernung einer mansio zur andern 23 bis 24 mp. Auch dieses Ausmass kommt, nebenher gesagt, dem Durchschnitte der Tagreisen auf der Route Virunum—Ovilaba mit $25^1/_2$ mp. sehr nahe. Es wird dadurch die Thatsache bestätigt, dass die im Itinerar genannten Orte alle, von den in der Tabula angeführten jede zweiten Orte mansiones waren.

Da nun die Weglänge einer Tagreise durchschnittlich 23 bis $25^1/_2$ mp. oder um eine gerade Zahl anzunehmen, 24 mp. d. i. 9 Stunden 36 Minuten bei einfacher Geschwindigkeit betrug, und da man an einem Tage doch wol nicht weniger als sechs Stunden im Durchschnitte fuhr, so muss die als gewöhnliches Mass für die Fahrpost geltende Geschwindigkeit das Doppelte der einfachen gewesen sein; man machte also durchschnittlich einen Weg von 96 Minuten in einer Fahrstunde. Effectiv war in einzelnen Stationen freilich die Geschwindigkeit grösser. So machte man nach der älteren Eintheilung des Itinerars zwischen Tutatio und Ovilaba 35 mp. in einem Tage, was auf sechs

[1] Dabei sind die civitas Dea Vocontiorum als mutatio, die civitas Secussio und die civitas Taurinis als mansiones genommen.

Stunden vertheilt, $5^5/_6$ mp. oder 140 Minuten Weges für die Fahrstunde ergiebt. Auf den Strecken zu je 30 mp. legte man 5 mp. oder 120 Minuten Weges in einer Fahrstunde zurück; auf denselben ist das Terrain meist eben. Dagegen bei sehr stark ansteigendem Wege wie über den Tauern ward die Geschwindigkeit fast auf die Hälfte, d. i. auf die einfache herabgesetzt; es wurden da in sechs Stunden nur 18 (Itinerar) oder 19 mp. (Tabula), 72 bis $72^2/_3$ Minuten Weges, in einer Fahrstunde zurückgelegt.

Wie nun das Mass der gewöhnlichen Schnelligkeit ein sehr geringes ist, so ist auch die Fahrzeit an einem Tage eine kurze. Mit unseren heutigen Begriffen stimmt das sehr wenig überein. Nur sechs Stunden durchschnittlich in einem Tage zu reisen und dabei im besten Falle nur 30 bis 35 mp. weit zu gelangen, das erscheint nach den modernen Reiseeinrichtungen eine unglaubliche Zeitverschwendung. Doch ist an dieser Ziffer nicht zu zweifeln. Denn nimmt man eine längere Fahrzeit auf den Tag an, so wird in demselben Masse die Fahrgeschwindigkeit eine geringere. Auf den Strecken zu 30 mp., also auf günstigem Terrain, würden bei acht Reisestunden im Tage nur 90, bei neun Reisestunden nur 80, bei zehn nur 72 Minuten Weges in einer Fahrstunde zurückgelegt worden sein, ein Ausmass, das stellenweise erreicht worden sein mag, wenn die Pferde gar zu schlecht waren, worüber Klagen vorkamen; aber die Regel war solches gewiss nicht und konnte umsoweniger bei der officiellen Eintheilung der Fahrten zu Grunde gelegt worden sein. Andererseits, wenn man eine grössere Fahrgeschwindigkeit annehmen würde, so würde in demselben Masse die tägliche Fahrzeit von 6 auf 5 und 4 Stunden herabsinken, was wieder unglaublich ist.

Dagegen ist es selbstverständlich, dass diese Art zu reisen nur dem gewöhnlichen Publicum vorbehalten blieb; die Kaiser, Statthalter, höhere Militär- und Civilbeamte oder gar die Couriere reisten gewiss viel schneller, sie wurden mit besseren Pferden und Wägen bedient und konnten nach Bedürfniss in besonders dringenden Fällen die tägliche Fahrtdauer und auch die Geschwindigkeit vergrössern, ja sogar verdoppeln; in diesem Falle machten sie statt 96, 192 Minuten in der Fahrstunde, in zwölf Fahrstunden also einen Weg von 2304 Minuten Länge oder 96 mp. an einem Reisetage, was der berühmten Schnelligkeit der Reise des Tiberius zu seinem kranken Bruder Drusus fast gleich kam;[1] man brauchte dann kaum anderthalb Tage, um von Virunum nach Ovilaba zu gelangen.

---

[1] Da er, wie oben gesagt wurde, 200 mp. in 24 Stunden zurücklegte, machte er in 12 Stunden 100 mp.

ÜBER DIE

RÖMISCHE REICHSSTRASSE

VON VIRUNUM NACH OVILABA

UND ÜBER DIE

AUSGRABUNGEN IN WINDISCH-GARSTEN.

VON

DR. FRIEDR. KENNER

WIRKL. MITGLIED DER K. AKADEMIE DER WISSENSCHAFTEN.

MIT 6 TAFELN.

WIEN, 1873.

IN COMMISSION BEI KARL GEROLD'S SOHN

BUCHHÄNDLER DER KAIS. AKADEMIE DER WISSENSCHAFTEN.

Aus dem Junihefte des Jahrganges 1873 der Sitzungsberichte der phil.-hist. Classe der kais. Akademie der Wissenschaften (LXXIV. Bd. S. 421) besonders abgedruckt.

Druck von Adolf Holzhausen in Wien
k. k. Universitäts-Buchdruckerei.

II.

Die Ausgrabungen in Windisch-Garsten.

In dem ersten Theile dieser Untersuchung handelte es sich unter Anderem um einen empirischen Beweis dafür, dass in den Städten Ovilaba und Virunum blos Wechselstellen, nicht Nachtherbergestationen der römischen Reichspost bestanden. Es wurde dort bemerkt, dass ein günstiger Zufall diesen Beweis in den Ausgrabungen von Windischgarsten geliefert habe, insoferne als der dort aufgegrabene Complex von Gebäuden nichts anderes als die Mansio von Ernolatia sei — was einstweilen als erwiesen vorausgesetzt ward — und als sodann nothwendig auch die Orte: Vetoniana, Stiriate, Tartusana, Noreia II (Viscellae) und Matucaium, welche die Tabula Peutingeriana ebenfalls auf der Strecke Virunum-Ovilaba nennt, Nachtherbergestationen gewesen sein müssen; daraus folge wieder, dass in der That in beiden letztgenannten Städten nur Wechselstellen bestanden haben. [1]

Es ist nun die Aufgabe dieses zweiten Theiles der Untersuchung, nachträglich aus der Betrachtung der Ausgrabungen von Windischgarsten jenen Beweis herzustellen.

[1] Sitzungsber Bd. LXXI, S. 396 (S. A. S. 42).

Voraus ist zu bemerken, dass diese Ausgrabungen schon zweimal Gegenstand von Abhandlungen waren, welche in den Schriften des Museum Francisco-Carolinum in Linz erschienen sind. Die eine von Joseph Gaisberger († 1871) giebt im Allgemeinen ein Bild des ziemlich ausgedehnten Fundes,[1] während die andere von Director L. Lindenschmit in Mainz nur die Fundgegenstände aus Metall, die dort zu Tage kamen, behandelt und namentlich aus der Prüfung der Formen der Gewandhaften Anhalte für die Zeitbestimmung der römischen Ansiedlung in Windischgarsten zu gewinnen sucht.[2]

Wenn nun an dieser Stelle wieder und ausführlich von demselben Funde die Rede ist, so geschieht dies von dem speciellen Gesichtspunkte aus, der oben dargelegt wurde, dann auch aus dem Grunde, weil der k. Akademie der Wissenschaften, welche die Ausgrabungen mit einem namhaften Geldbeitrage unterstützte, der Originalplan der Ausgrabungen, das Protokoll des Leiters derselben, ein ausführliches Verzeichniss der Fundmünzen, Photographien der Fundstelle und der Objecte aus Terracotta, endlich treffliche Zeichnungen der Metallgeräthe zugiengen. Dieses Materiale gewährt eine vielseitigere und lebendigere Anschauung des Fundes, als meinem verehrten Lehrer und Freunde J. Gaisberger zu geben möglich war. Zudem ist die Aufgrabung in Windischgarsten nächst den Funden am Leichenfelde von Hallstatt die bedeutendste, die seit langer Zeit im Lande ob der Ens gemacht, und meines Wissens die erste, welche planmässig durchgeführt wurde. Es lässt sich damit wol rechtfertigen, dass sie hier abermals zum Gegenstand einer eingehenden Untersuchung gemacht wird.

Manche Ueberlieferungen, die bei den Einwohnern von Windischgarsten fortlebten, wussten schon früher von dem hohen Alter des Ortes zu erzählen; namentlich spielte die

[1] Archaeolog. Nachlese. III. Linz. 1869. S. 42 f. (Separatabdr. aus dem 28. Jahresbericht und der 23. Lieferung der Beiträge für Landeskunde von Oesterreich ob der Enns.)

[2] Bemerkungen über die mitgetheilten Fundgegenstände in den römischen Gebäuden zu Windischgarsten bei Spital am Pyhrn. In der 26. Lieferung der genannten Beiträge 1873. S. 1 f.

Sage um einige südwestlich vom Markte nahe an den untersten Häusern desselben gelegene Felder, das Sattler-, Weberwastl- und Hafnerfeld,[1] hier habe der Ort seinen Anfang genommen und dessen älteste Kirche gestanden. In der That grub man bei Feldarbeiten ab und zu Trümmer von Ziegeln auf, die in Gestalt und Technik etwas Fremdartiges verriethen; einmal war auf dem Sattlerfelde eine Eisenstange, mit der man ein Loch in den Boden bohren wollte, durchgebrochen und hatte damit das Vorhandensein eines hohlen Raumes verrathen. Man grub nun freilich an dieser Stelle auf einen Schatz, der wie man vermuthete etwa zur Zeit der Franzosenkriege (Anfangs dieses Jahrhunderts) verborgen worden sein könnte, aber es kamen nur immer Ziegelstücke zu Tage, deren man schon viele herausgearbeitet hatte, man warf die Grube deshalb wieder zu. Nach längerer Zeit im J. 1867 nahmen an derselben Stelle zwei Ortseingeborene, der damalige Kleriker des Stiftes Kremsmünster Herr Gottfried Hauenschild und Hr. Marcus Sulzbacher eine Grabung vor, die schon in der Tiefe von $1\frac{1}{2}$ bis 2 Fuss auf Mauerwerk und Ziegeltrümmer führte, welche man sogleich als römische erkannte. Nachdem mittelst einzelner Geldbeiträge, deren ersten Herr Dr. Ferd. Kaltenbrunner in Kirchdorf spendete, die Räume 2 und 5 (s. den Plan auf Tafel I.) blosgelegt waren, wurde von dem Linzer Museum Francisco-Carolinum die weitere Durchforschung der Fundstelle unter Leitung des damaligen Cooperators von Windischgarsten, nun Pfarrers im nahen St. Pankraz, Herrn Franz Oberleitner veranlasst. Derselbe nahm sich der Sache mit Wärme an und brachte ihr grosse Opfer an Zeit, Geld und Mühe; ungeachtet der grössten Winterkälte harrte er auf dem Platze der Ausgrabungen aus und nahm nicht selten selbst den Spaten zur Hand; seiner Energie, Ausdauer und Sorgfalt muss das grösste Verdienst an dem Gelingen der Nachgrabungen zugeschrieben werden. Es ist besonders dankenswerth, dass der

[1] Siehe den beiliegenden Plan. Der gesammte Grund nordwärts vom Feldweg, welch' letzterer Hafnerfussteig heisst, ist der ‚Hafnergrund' oder das ‚Hafnerfeld'. Südwärts vom Feldweg heisst der Grund zwischen der Seebacher Strasse und den Aufgrabungen einschliesslich der Räume 46—50 das ‚Weberwastlfeld', der ganze übrige Theil der Aufgrabungen nebst dem angrenzenden Terrain gehört zum ‚Sattlerfeld'.

Leiter der Ausgrabungsarbeiten die Einwohner des Marktes, meist nicht vermögliche Bürger und Landleute, zu selbstthätiger Beihilfe zu bringen wusste, so dass sie unentgeltlich Arbeitskräfte stellten und Grundstücke ohne Entschädigung für die Ausgrabungen überliessen. Es werden der Bürgermeister des Ortes, Herr Hofbauer, der die Bürger durch ein Rundschreiben zur Theilnahme aufforderte, dann der Grundeigenthümer Herr Mayr, der sein Grundstück brachliegen liess, ferner die Herren Paulingenius, Purgleitner und Steiner, welche Arbeiter stellten, und Andere genannt; auch ein einfacher armer Taglöhner Karl Fahrnberger betheiligte sich aus freiem Antriebe und ohne Entgelt an den Arbeiten. Als die Ausgrabungen eine grössere Ausdehnung annahmen und die heimischen Kräfte nicht mehr ausreichten, sammelte man von Linz aus durch Aufruf in den Tagesblättern und durch öffentliche Vorträge Geld, wobei vorzüglich Herr Prof. Dr. Walz in Linz, der sich auch sonst als eifriger Förderer des Unternehmens bewies, thätig war. Es wurde von allen Seiten beigetragen. Zumal Se. k. u. k. Hoheit, der damals in Linz residierende Herr Erzherzog Joseph und die k. Akademie der Wissenschaften in Wien betheiligten sich in namhafter Weise daran. Im ganzen wurden die Ausgrabungen am 14. Juni 1868 begonnen und nach längerer Unterbrechung am 16. October wieder aufgenommen, den Winter hindurch bis 22. April 1869 fortgeführt und im Spätherbste (um Mitte October) desselben Jahres nach einer neuen Unterbrechung durch die Feldarbeiten abermals fortgesetzt und beendigt. Das Protokoll weist $706^3/_4$ Tagewerke auf, darunter 107 freiwillig, ohne Entgelt geleistete. Die Fläche der Ausgrabungen beträgt 647 Quadratklafter, wobei jedoch die vielen und ausgedehnten Versuchsgräben nicht gerechnet sind.

Die Fundstelle liegt vom linken Ufer des Dambaches nur 73 Klafter entfernt; bis zum Markte Windischgarsten (Weidach), wo sie den Häusern am nächsten kommt, d. i. am Hafnerkreuz beträgt die Entfernung kaum 20 Klafter. Im allgemeinen lässt sich die Bemerkung machen, dass zwar die Fundstelle im Umkreis des Römerortes liege, der sich hier ausdehnte, dass die Ausgrabungen aber keineswegs ausreichen, den Umfang desselben zu bestimmen. Es haben vielmehr schon in alten Zeiten Zerstörungen an den Resten der Gebäude stattgefunden, so dass die Ausgrabungen nur einen kleinen Theil des Römerortes darstellen. Gegen Norden zu verloren sich sämmtliche Mauerreste ohne einen genügenden Abschluss im Boden; man hat dort gegen den Hafnerschen Obstgarten im Nordosten mehrfache Aushebungen im Erdreich gemacht und Topfscherben sowie Münzen, aber nicht die geringste Spur von alten Bauten gefunden; ja die Arbeiter selbst waren im Zweifel, ob die dort ausgegrabenen Steine Mauerreste oder zufällige Lagerungen seien. Offenbar hat man hier schon früher die alten Mauern zerstört, die sich also noch weiter gegen den Ort zu fortsetzten. Sehr wahrscheinlich ist solches schon im hohen Mittelalter geschehen und mag ein guter Theil von Windischgarsten aus den Steinen der alten Römerstadt aufgebaut worden sein, was auch durch die Sage, dass eben von dieser Stelle aus der Ort seinen Anfang genommen habe, bestätigt wird;[1] auch anderwärts geschah und geschieht noch jetzt Aehnliches sehr häufig. Ein Gleiches zeigt sich auch im Westen und Südwesten. Die kleine nach Seebach führende Strasse war überhaupt die Grenze der Ausgrabungen, jenseits derselben wurde nicht weiter nachgeforscht; aber auch diesseits stiess man auf ein beträchtliches Areale, auf welchem sich die Mauerspuren plötzlich verloren und nur einige kleine Theile und Ecken übrig geblieben sind, die von der einstigen Fortsetzung in dieser Richtung Zeugniss geben.

Nach Norden und Westen lässt sich also der Umfang des Römerortes nicht mehr bestimmen. In Süden dagegen stiess man etwa 100 Klafter vom Dambache entfernt auf einen Rest der alten Umfassung, eine Mauer, die sich durch eine grössere Dicke (4 Fuss) von den übrigen unterscheidet und in einer Länge von 11 Klaftern aufgedeckt wurde (Plan, Tafel I; 84).[2] An dem einen Ende brach sie ab, an dem anderen zeigen sich

[1] Ich muss hiezu bemerken, dass Herr Pf. Oberleitner im Protokolle über den Fund eine andere Ansicht ausspricht. Nach derselben entstand die oben genannte Sage erst vor etwa 30 Jahren und wurde eben durch die damaligen Erscheinungen — das Durchfallen der Eisenstange und die Auffindung von vielen Ziegelstücken — veranlasst.

[2] Der Plan ist nach dem eingesendeten, vom k. k. Bezirksförster Leopold Lutz gezeichneten Originalplane reduciert.

Spuren eines sehr stumpfen Winkels, in welchem sie sich nach Nordosten wendete. Die **östliche** Gränze des Ortes lässt sich wieder nur indirect angeben. Man zog in der Richtung von Nordwest gegen Südost einen Versuchsgraben auf mehr als 50 Klafter Distanz (78, 79) und gerieth ab und zu auf Mauerreste, an keiner Stelle aber auf die Mauer der Umfassung; es scheinen also die Gebäude, denen die vom Versuchsgraben durchkreuzten Mauerreste angehörten, noch innerhalb der Umfassung gelegen gewesen zu sein, und in dieser Richtung der Ort mindestens noch 50 Klafter sich ausgedehnt zu haben.

Wenn nun auch die Devastation des Gemäuers in älterer Zeit die Grenzen des Römerortes für uns unkenntlich gemacht hat und nur im Allgemeinen gesagt werden kann, dass er sich weiter gegen Windischgarsten zu ausdehnte, so reicht der erhaltene Theil der Umfassung doch aus, um mit Bestimmtheit behaupten zu können, dass die aufgegrabenen Mauerreste einem Gebäudecomplex angehört haben, welcher an der südwestlichen Seite des Römerortes zunächst an der Umfassungsmauer situiert war.

Das blosgelegte Mauerwerk zerfällt in zwei Hälften, die ehedem in Zusammenhang waren, heute aber durch einen Feldweg getrennt sind, welcher beim sogenannten Hafnerkreuz von der Strasse nach Seebach abzweigt und in östlicher Richtung die Fundstätte durchzieht.

Die **eine Hälfte** südlich vom Feldweg enthält, wenn alle durch die Mauervorsprünge angedeuteten Räume einzeln gezählt werden, deren fünfzig, kleinere und grössere, Zimmer, Kammern und Gänge von verschiedenen Dimensionen und der buntesten Combination; sie bilden, soweit sie erhalten sind, zwei in einem rechten Winkel zusammenstossende Tracte eines Gebäudes, von denen der eine nach Nordosten, der andere nach Südosten gerichtet ist. Diese Art der **Anlage** lässt sich aus der Richtung der Mauern erkennen; die eine Hauptmauer, welche die Räume 47, 43, 39, 36, 35 und 31 nach Südwesten hin abschliesst, hat eine Richtung von Südost nach Nordwest; die Quermauern stehen senkrecht auf ihr von Südwest nach Nordost. Umgekehrt läuft im zweiten Tracte die Hauptmauer, welche die Räume 3, 7, 9, 21 und 24 abschliesst, in der Richtung von Nordost nach Südwest; die Quermauern dagegen von

Südost nach Nordwest. Sehr wahrscheinlich sind die Tracte, deren Mauerwerk vorlängst ausgehoben wurde und nun fehlt, in entsprechender Richtung gruppirt gewesen, so dass der ganze Bau ein Viereck bildete, dessen Seiten nicht genau nach den Weltgegenden gerichtet waren, sondern einen Winkel mit diesen bildeten.

Die **Bestimmung** der einzelnen Räume nach ihrer einstigen Verwendung ist sehr schwierig, da die charakteristischen Zuthaten fehlen und nur die nackten Mauern und auch diese wieder meist nur im Grundbau zu erkennen sind. An einzelnen Stellen ragten sie allerdings sechs Fuss hoch empor; zumeist waren sie aber bis zum Niveau des Erdbodens zusammengebrochen; gegen Norden nimmt die Höhe namentlich rasch ab.

Doch sind noch einige versteckte Merkmale vorhanden, die einen Anhalt für Schlussfolgerungen in dieser Beziehung gewähren. Erstlich fallen in beiden Tracten Räume von ausserordentlich geringer Breite auf. So im südöstlichen Tracte der Raum 12, der nur 18 Zoll breit ist, dann der Raum 15, der nur 26 Zoll, und der Raum 18, der wieder nur 19 Zoll in der Breite misst. Dieselbe Breite zeigt im nordwestlichen Tracte der Raum 44. Diese Räume sind so schmal, dass sie nicht als Gänge zur Communication gedient haben können, zumal, da sie, wie bei 12 und 15 ersichtlich ist, sich gerade neben einem Gange (11) befinden, und da sie wenig mehr als eine Klafter lang sind. Für die Erkenntniss ihres Zweckes ist es von Wichtigkeit, dass in ihrer Nähe zwei Hypocausten zu Tage kamen. Das besser erhaltene in dem Raume 43, der 17 Fuss lang und 13 Fuss breit ist, zeigt die bekannte Construction: über dem Boden eine Lage von Bachschotter, darüber ein 2 Zoll starker Cementguss; auf diesem 22 Pfeiler, von denen einer jetzt nicht mehr vorhanden ist und zwei durch eine Mittelmauer vertreten werden. Die Pfeiler sind 25 Zoll hoch, 18 Zoll breit, aus Kugel- und Kalkschiefersteinen aufgemauert und stehen 20 Zoll von einander ab. Sie tragen zunächst ein Gewölbe (suspensura) von Tuffstein, wie er in den nahen Orten Edlach und Vorderstoder bricht, darüber eine Kohlenschicht von 2 Zoll, wahrscheinlich zur Abhaltung der Feuchtigkeit, über dieser den gegossenen 5 Zoll dicken Fussboden, aus einem Gemenge von

Sand, kleinen Tuff- und Ziegelstücken und Kalk bestehend; er war überaus hart, seine obere Fläche glich einem sehr rohen Mosaik. Der hohle Raum zwischen den Pfeilern war lose mit Schutt und Erde ausgefüllt, eine Folge des Einsturzes des Gebäudes. Die Mündung in den schmalen Gang 44 war schon in alter Zeit mit Steinen und Erde leicht verlegt.

Nach dieser Anlage kann kein Zweifel bestehen, dass der schmale Raum 44 die Heizkammer (praefurnium) für das anstossende Hypocaustum war; wie aus dem Profil *C—D* auf Tafel I zu entnehmen ist, war die Kammer etwas tiefer als der Cementboden über dem Hypocaustum angelegt. Die Mündung, durch welche die erwärmte Luft aus der Kammer in den von den Pfeilern gebildeten Hohlraum eindrang, pflegte bekanntlich für die Zeit des Hochsommers verlegt zu werden, was hier der Fall war. [1]

Das zweite Hypocaustum im Raume 26 ist nicht mehr vollständig erhalten, es sind nurmehr die Spuren von vier 10 Zoll breiten Pfeilern vorhanden, die 18, 24 und 30 Zoll von einander abstanden, also nicht so regelmässig angelegt waren, wie in den anderen. Wahrscheinlich hatte es ursprünglich eine grössere Ausdehnung auch über die Räume 25, 13, 14 und 20, so dass die engen Räume 12 und 15 Heizkammern des Hypocaustum darstellen; zusammen sind beide fast so lang (12 Fuss) als die Heizkammer 44 (fast 15 Fuss), sie waren aber in zwei Theilen disponiert, sehr wahrscheinlich um mehrere Räume zugleich zu erwärmen und um dem Raume 14 der zwischen ihnen zu liegen kam, eine möglichst hohe Temperatur zu verleihen.

---

[1] In dem Hypocaustum im Bade zu Bregenz war die Mündung nur theilweise verlegt. (Vorarlberger Landeszeitung 1870. Nr. 118.) Es handelte sich also dabei nicht, für den Sommer die Verbindung des Praefurnium und des Hypocaustum ganz zu unterbrechen, sondern nur darum, eine geringere Wärmemenge in letzteres eintreten zu lassen, da im Sommer weniger Wärmezufuhr nothwendig war, um das Caldarium auf einen gewünschten Grad der Wärme zu bringen, als im Winter. Die Abschliessung des Praefurnium beweist daher nicht, das dasselbe im Sommer nicht geheizt wurde, was auch schon daraus hervorgeht, dass man nicht blos im Winter und der kühleren Jahreszeit, sondern auch im Sommer sich der Bäder bediente.

Noch genauer lässt sich der Zweck dieser Kammern und der Nebenräume bestimmen, wenn die Führung der Mauern im Raume 16 berücksichtigt wird, zu welchem Zwecke die Figur 1 den Grundriss der entsprechenden Räume in der Grösse des eingesendeten Originalplanes darstellt. Die ausgezogenen Linien bezeichnen die aufgegrabenen Mauern, die

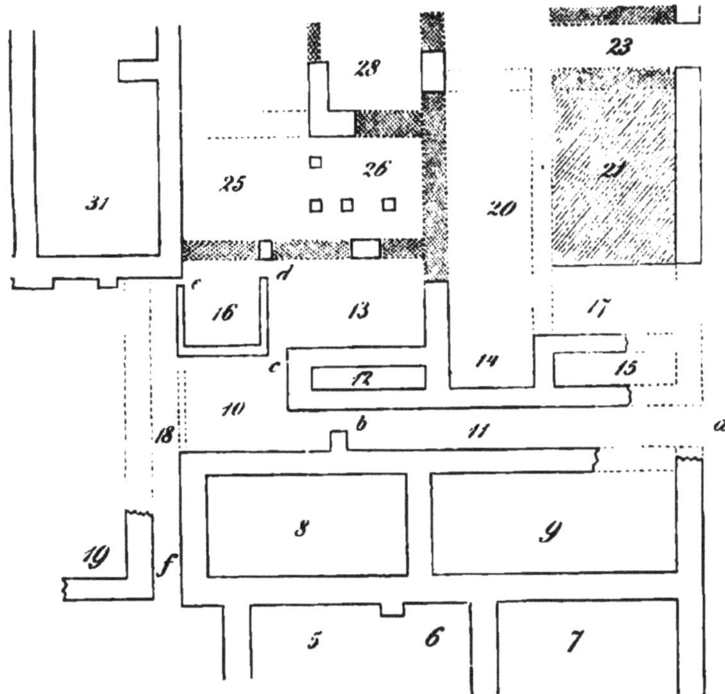

punctierten Linien meine Ergänzungen, die mit Punkten besäten Streifen stellen die Mauern dar, von denen man bei der Aufgrabung nur mehr Spuren gefunden hat.

Im Raume 16 nun schliessen die Mauern, die nur 6 Zoll breit sind, nicht unmittelbar an die Mauern der Räume 25 und 31 an, sondern brechen früher ab und lassen Zwischenräume frei; jener bei *d* ist 18 Zoll breit und reicht für eine schmale

Thüre hin; jener bei *e* ist nur etwa 3 bis 4 Zoll breit und hat offenbar dazu gedient, ein Rohr durchzulassen. Verlängert man die eine Mauer bei 19, welche gegen den Raum 31 streicht, und die kleine Mauer *e* des Raumes 16 bis zum Raume 8, so erhält man die ursprüngliche Gestalt des Ganges 18, dessen Vorhandensein durch den noch erhaltenen Theil bei *f* erwiesen ist; auch dieser ist nur 19 Zoll breit und communicierte durch den schmalen Zwischenraum *e* mit dem Raume 16. Die Oeffnung bei *e* ist nun viel zu klein, um sie als eine Mündung für erwärmte Luft, die etwa in den Raum 16 zu leiten gewesen wäre, betrachten zu können, es kann daher auch der schmale Gang 18 nicht ein Praefurnium gewesen sein, wofür er ja auch viel zu lang gewesen wäre. Offenbar war er nichts anderes als ein Canal, in welchem verbrauchtes Wasser aus dem Raume 16 durch die Oeffnung bei *e* abfloss (gegen Süden senkt sich das Terrain der Ausgrabungen). Daraus lässt sich mit Bestimmtheit folgern, dass der Raum 16 ein labrum, ein Becken mit kaltem Wasser enthalten habe, aus welchem man sich vom Warmbade kommend abkühlte und erfrischte. Die kleinen Dimensionen dieses Raumes (5 Fuss im Quadrat) dürfen nicht überraschen, es sind überhaupt alle Räumlichkeiten sehr beschränkt und auch in anderen Bädern hat das Labrum keine grössere Ausdehnung.[1] Die geringe Dicke der Mauern deutet darauf hin, dass der Boden nicht in dem ganzen Raume, wie anderwärts, ausgetieft und mit Wasser angefüllt war; die schwachen Mauern hätten den Druck des Wassers kaum ausgehalten. Vielmehr vertrat hier wahrscheinlich nur ein grösseres freistehendes Becken, sei es aus Stein oder Holz, die Stelle des sonst ausgemauerten Labrum. Die Gegenstände, welche man hier fand: Reste von Gefässen aus terra sigillata, dann eine Lampe mit erhaben aufgedrücktem Töpferstempel FORTIS, eine Fibula und eine Frauenhaarnadel aus Bein, 3" lang (Taf. V, 17), sind von derselben Art, wie sie auch sonst in solchen Räumen gefunden werden; sie deuten zugleich darauf hin, dass hier ein Frauenbad bestanden habe.

---

[1] So in jenem von Deutschaltenburg, welches nur 6 Fuss misst. Freiherr von Sacken, Carnuntum. Sitzungsber. IX. 692.

Hält man diese Spur von dem Vorhandensein einer Badeanlage fest, so fällt ein Licht auch auf die Nebenräume. Bei 21 hat man einen Estrichboden gefunden, ohne eine Spur, dass unter ihm ein Hypocaustum bestanden hätte. Er bildet gegen die Räume 17 und 20 scharf abgegrenzte Linien, was wol als Beweis gelten darf, dass er gegen beide Räume von nun zerstörten Mauern begrenzt war. In der That trifft die Mauer, welche die Räume 14 und 15 von einander trennt, wenn man sie verlängert, hart an den Estrich. Wenn man in gleicher Weise in dem schmalen Gang 23 die ihn von 21 scheidende Mauer verlängert, bis sie auf die südöstliche Mauer von 28 trifft, so erhält man ein langes schmales Gemach (14 und 20), nur 6 Fuss breit, 21 Fuss lang, dessen südwestliches Ende zwischen den zwei Heizkammern 12 und 15 liegt; es muss also die Absicht vorhanden gewesen sein, diesen Theil des Gemaches besonders stark zu erwärmen. Auch muss der Raum desselben mit einem Hypocaustum versehen gewesen sein, weil in dem andern nächst am Praefurnium 15 anliegenden Zimmer — wie der Estrichboden beweist — kein Hypocaustum angelegt war, also, wenn auch 14 und 20 ein solches nicht gehabt hätten, das Praefurnium 15 zwecklos gewesen wäre. Es ist nun kein Zweifel, dass das Gemach 14, 20 das Caldarium, das warme oder heisse Luftbad darstellt, denn immer war dieses unmittelbar an die Heize angebaut; wie in den auf der Werftinsel in Ofen gefundenen Thermen die erwärmte Luft aus drei Heizkammern von verschiedenen Seiten in das warme Bad einströmte,[1] so geschah es hier aus zwei Heizkammern; vielleicht war an dem Ende des Gemaches bei 14, also zwischen beiden Heizkammern, ein Becken in das Hypocaustum eingelassen, die calida piscina und deren Erwärmung eben mit ein Zweck der Doppelanlage der praefurnia.

Mit dieser Deutung des Raumes 14, 20 stimmen die nächsten Räumlichkeiten sehr wol. Mitten in dem südöstlichen Tracte findet sich ein schmaler Gang 11, 32 Zoll breit, 4 Klafter ins Gebäude zurückreichend und einen separierten Zugang zu den Gemächern der Badeanlage bildend. Bei *b* springt

---

[1] v. Sacken in den Mittheilungen der k. k. Centralcommission für Erforschung und Erhaltung der Baudenkmale. 1857. (II. Bd.) S. 281 f.

eine ihn abschliessende Quermauer vor, welche nur 18 Zoll Raum für eine schmale Thür frei lässt, durch die man in den Raum 10 gelangte, wo etwa eine Dienerin verweilte. In dem Gange 11 mögen sich auch die Thüren zu beiden Heizen befunden haben. Aus dem Vorraume 10 gelangte man durch eine schmale Thüre bei *c* in das Gemach 13, welches erwärmt war und nach dem Schema der gewöhnlichen Anordnung der Badelocalitäten jenen Raum bezeichnet, in welchem man die Kleider ab- und anlegte (apodyterion); er ist nur 6 Fuss breit und 11 Fuss lang. Man konnte von hier aus entweder durch die Thüre *d* in den Raum 16 mit dem Kaltwasserbecken und von hier aus in den Raum 25, 26 gelangen, oder sogleich in den letzteren gehen. Dieser stellt das Tepidarium, das laue Luftbad (7½ Fuss breit, 16½ Fuss lang) dar und bot einen Zugang in das Caldarium.

Es lässt sich also das Vorhandensein einer freilich in sehr kleinen Dimensionen angelegten Badeanstalt nachweisen, die eben nach diesen Dimensionen, nach dem separierten Zugang und den Fundobjecten (Fibula und Frauenhaarnadel) zum Gebrauche für Frauen bestimmt war. Daraus wieder folgt, dass in demselben Gebäude an einem vom Frauenbade geschiedenen Platze ein Männerbad bestanden habe.

In der That lässt sich ein solches mit voller Wahrscheinlichkeit in der Umgebung des anderen Hypocaustum vermuthen. Der Raum 38 ist in seinen Grössenverhältnissen (5 : 5 Fuss) und in seiner Anlage dem Raume 16 vollkommen und auffallend analog, nur dass er von stärkeren Mauern umfangen ist. Der Originalplan zeigt in ihm drei Thüröffnungen an, von welchen die eine in den Raum 39 führt. Die beiden andern sind ausgebrochen. Es ist nicht denkbar, dass beide letztere auch wirklich für Thüren bestimmt gewesen seien, dies wird nur von der einen, welche in den Nebenraum 42 führt, gelten, die andere hat sehr wahrscheinlich für den Abfluss von Wasser in einen Canal gedient; wenn die Oeffnung heute gleich 2′ breit ist, so folgt daraus noch nicht, dass hier nicht etwa eine Beschädigung stattgefunden und die Steinmauern an der Mündung ursprünglich mit Ziegeln eingefasst waren, wie dies in der That bei der Thüre nach 39 der Fall war, d. h. dass die Mündung in den Canal ursprünglich viel enger war. Der Grund eben hier die Mündung anzunehmen liegt darin, dass in diesem Falle der Canal längs der Räume 39, 36, 35 und 31 geführt und schliesslich in den Canal 18 einmündend das verbrauchte Wasser auf dem kürzesten Wege abführte; ferner ist nach dem Schema der Badeanlagen eine Communication mit 39 (Tepidarium) und 42 (Apodyterion) durchaus warscheinlich und die Analogie im Raume 16 dafür verwendbar; aber eine dritte Thüre in einen dritten Nebenraum, dessen Bestimmung fraglich bleiben müsste, war weder nothwendig, noch stimmt sie mit dem Zweck des Raumes 38 überein. Die besondere Stärke der Mauern, namentlich der gegen den Raum 16 gerichteten — sie ist hier 2 Fuss stark — beweist, dass hier das Terrain ursprünglich etwas abschüssig war, was abermals für die Anlage eines Abfuhrcanals gegen diese Seite spricht; auch muss die Mauer auf den Widerstand gegen einen beträchtlichen Druck berechnet gewesen sein; es lässt sich daraus schliessen, dass das Labrum in dem Boden ausgetieft, oder über demselben aufgemauert und mit Platten oder mit Cement ausgelegt war; das Becken mochte etwa 2 bis 2½ Fuss breit und 3 bis 3½ Fuss lang und so angelegt gewesen sein, dass seine Langseite an die stärkere Mauer zu stehen kam. Darnach wäre in dem Raume 38 das Labrum des Männerbades gewesen. Die dazugehörigen Räume sind schwer zu bestimmen, weil da, wo die Eintrittsstube und das Apodyterion vorausgesetzt werden müssen, die Mauern zumeist fehlen. Da man im Raume 46 neben andern Objecten (einer kleinen Glocke mit einem eisernen Klöppel, einem grossen Bronzeringe und zwei Gewichten)[1] auch Instrumente, wie sie häufig in Bädern vorkommen, ein Salbgefäss, 3 Zoll hoch, und ein Zängelchen (volsella)[2] gefunden hat, lässt sich hier die Eintrittsstube, in der der Badediener verweilte, und demgemäss in dem Raume 42 das Apodyterion voraussetzen. In 39 war das Tepidarium, erwärmt theilweise durch das anliegende Caldarium 43, theils wol auch durch glühende Kohlen, die in Kesseln aufgestellt wurden.[3] Man hat in der That in diesem Raume einen Bronzekessel von ½ Fuss Tiefe,

---

[1] Siehe Tafel V, 12, 3, 5ª, 5ᵇ.

[2] S. Tafel VI, 15.

[3] Dr. Bossler im Archiv für hessische Geschichte und Alterthumskunde. X. Bd. I, 1.

bei 1 Fuss Weite, an vielen Stellen geflickt und oben mit einem eisernen Ringe zusammengehalten, überdies halb mit Kohlen und Asche gefüllt aufgefunden. Das Caldarium befand sich, wie aus der Anordnung der Heize zu schliessen ist, in 43. Vielleicht gehörte auch der Raum 48 zur Badeanlage. Allerdings zeigt der Plan keine Thüröffnungen weder in 39, noch in 47, 48, welche ins Caldarium geführt hätten; wahrscheinlich erklärt sich dies daraus, dass der Boden des letzteren, wie der Querschnitt *E—F* auf Tafel I zeigt, beträchtlich höher als der Boden der Nebenräume lag, und nur durch Treppen — etwa aus Holz gefertigt — zugänglich war. Die Thüröffnung musste dann über der Linie liegen, zu welcher die Reste des Mauerwerkes emporragten. Namentlich wird dies für den Raum 48 gelten, der sonst keinen Eingang gehabt hätte. Die kleinen Mauervorsprünge im Raume 39, sowie jener in 48 hatten wol nur den Zweck als Streben zur Sicherung des Hohlraumes im Hypocaustum zu dienen.

In dem Raume 49 neben dem Praefurnium lässt sich eine Holzkammer denken, in welcher der jedesmal nothwendige Vorrath an Holz aufgeschichtet lag, in dem Raume 50 die Wohnung des Heizers oder Badedieners, endlich in dem nahen Raume 52 das grössere Behältniss etwa für den gesammten Brennholzvorrath des Gebäudes. — Beide Badeanlagen sind gegen Nordwesten gekehrt, woher sie auch das Licht hatten, nach Vitruv's Vorschrift „ipsa autem caldaria tepidariaque lumen habeant ab occidente hiberno . . . quod maxime tempus lavandi a meridiano ad vesperum est constitutum" (V, 11. 1).

Ueber die Räume zwischen den beiden Badeanlagen (31—41 mit Ausnahme von 38 und 39) lässt sich keine Voraussetzung aussprechen, da hier der Zusammenhang der Mauern zum grössten Theile zerstört ist und mit Ausnahme eines im Raume 34 erhobenen silbernen Fingerringes (Taf. V, 4ª, 4ᵇ), sowie von Münzen, die ebenda gefunden wurden, keine Fundobjecte vorkamen. Sehr wahrscheinlich bestanden hier Wohnräume für das Gesinde und für Leute untergeordneten Standes, welche den Zugang von der Nordostseite des Gebäudes hatten; wenigstens zeigt die Hauptmauer, welche die Räume 31 bis 34 nach Südosten abschliesst, keinerlei Eingang in die nächstanliegende Gruppe von Räumen, so dass man durch diese von

Südost her hätte eintreten können. — In dem Winkel zwischen der Nordost- und der Südostseite des Gebäudes liegt ein Complex von Räumen (21 bis 30), zu dem wieder ein eigener Zugang (23) von 3 Fuss Breite und 2 Klafter $5\frac{1}{2}$ Fuss Länge führte. Er enthielt drei Thüren, durch welche man in die Räume 21, 24 und 28 eintrat; die übrigen Zimmer standen wahrscheinlich mit den ebengenannten in Verbindung. Man hat in einzelnen von diesen Räumen doch einige, wenngleich wenig bezeichnende Fundobjecte ausgegraben; so kam an der Südostseite von 28 ein künstlich behauener Stein zu Tage, über den jedoch das Protokoll nichts anderes bemerkt, als dass er der ‚zweite künstlich behauene Stein' gewesen sei, den man bei diesen Aufgrabungen gefunden habe. In den Räumen 21 bis 24 fand man ausser Münzen und Gefässscherben auch Eisengeräthe: sichelförmige und gerade Messer (Taf. IV, 1—9), Sporn, Pfeil und Fibeln; der Sporn und die Pfeilspitze gehören aber nicht der römischen, sondern der Periode des Mittelalters an.[1] Allerdings gestatten diese Objecte auch keinen sicheren Schluss, deuten aber doch in der Mehrzahl auf Bewohner, welche in der Wirthschaft verwendet wurden. In 21 und 24 haben sich Theile gegossener Estrichböden vorgefunden.

Die letzte Gruppe von Räumen, welche noch zu betrachten ist, liegt in der südlichen Ecke des Gebäudes (1—9). Sie scheidet sich nach der Anlage der Mauern deutlich in zwei Theile, den einen bilden die Räume 8 und 9, den andern die Räume 1 bis 7. Jene bilden zusammen ein Rechteck von 5 Klafter 2 Fuss Länge und 6 Fuss 10 Zoll Breite; die anderen geben zusammen ein Quadrat von 5 Klaftern in Länge und Breite. Auch die Quermauern des einen Theiles treffen nicht auf jene des anderen. Der Raum 9 zeigt keine Thüröffnung, wol aber eine Lücke in der an den Gang 11 grenzenden Mauer. Da die Zerstörung des Mauerwerkes bei Thüröffnungen am leichtesten Zugang findet, so ist anzunehmen, dass an der Stelle jener Lücke wirklich eine Thüre angebracht gewesen sei; da ferner eben dieser Raum gegen die Nebenräume 7 und 8 abgeschlossen ist, seiner Thüre aber die Thüren der

[1] L. Lindenschmit in der 26. Lieferung der Beiträge zur Landeskunde von Oesterreich ober der Enns S. 3.

beiden Heizkammern 12 und 15, die nur im Gange 11 angebracht gewesen sein können, gegenüber lagen, ist es sehr wahrscheinlich, dass eben im Raume 9 die Wohnung der Badedienerin angeordnet gewesen sei, welche aus nächster Nähe die Heizen versorgen konnte. Der anstossende Raum 8, in welchem man dem Protokolle zufolge unterhalb des Estrichs Münzen fand,[1] hat keinerlei Verbindung mit irgend einem der Nebenräume. Da im südlichen Theile der Aufgrabungen die Mauern theilweise noch zu einer beträchtlichen Höhe aufragten, ist es wahrscheinlich, dass man wenigstens die Spuren einer Thüre, wäre eine solche vorhanden gewesen, aufgefunden hätte. Es bleibt die eine Vermuthung übrig, dass man in diesen Raum nur von einem anderen, über ihm gelegenen Raume mittelst einer hölzernen Treppe habe gelangen können. Ueber den Mangel einer Thüre wird übrigens unten noch eine Vermuthung ausgesprochen werden.

Nicht minder eigenthümlich ist die Anlage des Quadrates, das von den Räumen 1—7 gebildet wird. Es seien zunächst die Erscheinungen besprochen, die man hier bei der Aufgrabung wahrgenommen hat. In der südöstlichen Mauer von 4 gegen die Aussenseite zu zeigt sich eine Lücke; ursprünglich hat hier sicher ein Eingang von aussen bestanden. Denn es ist auffallend, dass diese Lücke von dem Eingange in den Gang 11 eben so weit absteht, als von diesem letzteren der Eingang in den Gang 23 entfernt ist; dies lässt schliessen, dass an der Südostseite des Gebäudes drei Eingänge symmetrisch in gleichen Zwischenräumen angelegt gewesen seien, und der dritte von ihnen in den Raum 4 geführt habe. Der letztere nun, welcher 7 Fuss breit und 12 Fuss lang ist, hat sicher nur als Hausflur gedient, entsprechend den Gängen 11 und 23. Von ihm führt eine Thüre in den Raum 2, von diesem wieder eine solche in die Räume 6 und 5, die durch eine Zwischenmauer von einander geschieden gewesen zu sein scheinen. Dagegen mit den Räumen 1, 3 und 7 besteht keinerlei Communication. Namentlich ist der letztere vollkommen abgeschlossen, sowie der Raum 8. Auch hier lässt sich nach dem Mangel von Anhaltspunkten — man fand in 7 nichts als einen

---

[1] Der Plan zeigt hier einen Estrichboden nicht an.

vollkommen glatten, wahrscheinlich fest gestampften Boden — nichts anderes vermuthen, als dass ein Zugang nur von oben her bestanden habe.

Die beiden grösseren Räume 1 (2 Klafter zu 2 Klafter 2 Fuss 10 Zoll) und 3 (2 Klafter im Quadrat), sind nur unter sich in Verbindung, sonst aber nach allen Seiten abgeschlossen. Doch ist, wie noch gezeigt werden wird, durchaus wahrscheinlich, dass ursprünglich wenigstens der Raum 1 eine Thüre ins Freie gegen die Mauer der Umfassung zu gehabt habe. Die Mauern sind in beiden Räumen stärker als in den anderen, 22 bis 24 Zoll dick, was sonst nur noch an einzelnen Stellen der südlichen Hälfte des Gebäudes begegnet, wie in zwei Ecken des Raumes 28, dann im Raume 38 und bei 19, alle anderen Mauern der südlichen Hälfte der Ausgrabungen haben eine geringere Dicke. Sehr wahrscheinlich hängt diese Stärke der Mauern mit dem Umstande zusammen, dass der Boden, auf dem das Gebäude stand, gegen Süden hin etwas abhängig ist.

Hart von der Thüre weg, die vom Raum 1 nach 3 führt, fand man in letzterem Steinpflaster, welches den grösseren Theil des Gemaches bedeckt und an den beiden Ecken, die gegen Südosten sehen, abgeschrägt ist. Auf dem Pflaster erheben sich zwei gemauerte Pfeiler, 21 zu 25 Zoll; die Höhe ist nicht angegeben. Sie bestehen aus den grössten Ziegelplatten, die man in den Ausgrabungen traf (nicht alle ganz, sondern einzelne in Bruchstücken vermauert), und stehen nicht völlig 2 Fuss von einander ab. Soweit der Boden nicht vom Steinpflaster bedeckt ist, besteht er aus festgestampftem Lehm. Unzweifelhaft sind dies die Reste eines Herdes, aber sicher nicht eines Kochherdes und daher der Raum 3 nicht eine Küche. Denn, auch wenn darauf Rücksicht genommen wird, dass sehr wahrscheinlich vom Raum 1 ursprünglich eine Thür ins Freie führte, so wäre die Küche doch gegen alle Räume des Hauses selbst abgeschlossen und nur gegen die Umfassungsmauer, gegen die Gasse hin offen gewesen. Man hätte die bereiteten Gerichte, wo sie immer aufgetragen werden sollten, durch Höfe und Gassen tragen müssen, was sich für die kühleren Jahreszeiten doch zu wenig empfiehlt, als dass man eine solche Anordnung der Küche den praktisch bauenden Römern zumuthen sollte. Viel passender scheint es mir, da das Gebäude, wie noch gezeigt werden soll, eine Nachtherbergestation der Reichspost war, in dem Raume 3 eine Esse, eine Schmiede anzunehmen. An der durchs Gebirge führenden Strasse, die auch von Lastwägen viel befahren war, mögen häufige Beschädigungen an Wagen und Pferdezeug vorgekommen sein, die einer schleunigen Reparatur in der mansio bedurften. Es war durchaus angezeigt, eine solche im Gebäude selbst zu errichten. Allerdings waren, wie die Untersuchung noch weiter darlegen wird, die Wirthschaftsgebäude gegen Norden zu angelegt, und man könnte vermuthen, dass unter diesen auch die Schmiede sich befunden haben sollte, diese also nicht so nahe an die Fronte des Gebäudes gerückt gewesen sei, welche letztere noch zu besprechende Momente nach Südwesten zu verlegen zwingen. Allein erstlich waren die Wirthschaftsgebäude zum grössten Theile aus Holz und, wenn die Schmiede neben ihnen lag, der Feuergefahr ausgesetzt; zweitens bestand die Zufahrt zum Gebände offenbar vor der Fronte desselben, d. i. in dem Raume zwischen dem Quadrate (1—7) und der Umfassungsmauer. Hier kehrten zunächst die Fuhrwerke zu, ob sie nun sich nur kurze Zeit aufhielten oder über Nacht blieben. Daher war es bequemer, die Schmiede an dieser Stelle anzulegen; sie befand sich alsdann in einem ganz gemauerten Tracte und war durch starke Mauern von den Nebenräumen getrennt.

An der Aussenseite von 1 und 3 gegen Südwesten fand man mächtige Vierecke angebaut, das eine an der Mauer des Raumes 1 mass 4 zu $4\frac{1}{2}$ Fuss, das andere an der Ecke von 3 mass 3 zu $3\frac{1}{2}$ Fuss. Man hat sie mit Recht für die Reste von Pfeilern gehalten, aber mit Unrecht geschlossen, dass diese Pfeiler einen Thorbau gestützt hätten. Denn es hätte das Thor, wenn dessen Durchfahrt senkrecht auf der Richtung der Gasse stand, also von Süd gegen Nord, zu keiner Thüre, zu keinem offenen Raume geführt, da ja 1 und 3 gegen die Gasse zu vollkommen abgeschlossen waren.[1] Hätte aber die Durchfahrt die Richtung von Südost gegen Nordwest gehabt, so dass das Gewölbe einerseits auf den Pfeilerresten, andererseits auf der

[1] Die Thüre, welche ursprünglich im Raume 1 bestanden haben dürfte, vermuthe ich an der Stelle des (später angebauten) grösseren Pfeilers. Vgl. weiter unten.

Umfassungsmauer ruhte, so müsste eine überwölbte Durchfahrt von 4 Klafter Breite und 2 Klafter Länge vorausgesetzt werden, was ausser allem Verhältniss zu andern Thorbauten stünde,[1] und namentlich viel zu grossartig und kostspielig im Verhältniss zur übrigen Anlage des Baues, überdies endlich zwecklos gewesen wäre.

So viel aber steht fest, dass die Pfeilerreste nur eine constructive Bedeutung haben können. Sie sind sicher nichts anderes als Streben zur Verstärkung des Mauerwerkes. Nur fragt sich, ob sie schon am ursprünglichen Baue bestanden, oder erst später zugebaut wurden. Eine deutlich sprechende Erscheinung am Baue selbst lässt das letztere für gewiss erscheinen. Man fand nämlich an der Mauer, an welche die Streben angebaut sind, unten einen Sockel, der 6 Zoll weit vorsprang, aber nur an der Mauer selbst hinlief, nicht auch an den Pfeilerresten; vor dem ersten derselben hört er vielmehr auf, im Zwischenraume zwischen beiden erscheint er wieder, hier 1 Fuss breit, vor dem zweiten bricht er abermals ab. Würden die Pfeiler schon ursprünglich an die Mauer angebaut worden sein, so würde der Sockel auch um sie herumgeführt erscheinen. Dies ist nicht der Fall, vielmehr ist der Sockel von den Pfeilern stellenweise verdeckt worden, letztere sind also ein späterer Zubau. Wahrscheinlich hat an der Stelle, wo der stärkere Pfeiler aufgebaut wurde, früher eine Thüre in dem Raume 1 bestanden, durch welche letzterer mit der Gasse in Verbindung stand; denn es ist durchaus unwahrscheinlich, dass man in die Schmiede nur mittelst einer hölzernen Treppe — und sie müsste aus Holz gewesen sein, da man keine Spur von einer gemauerten oder steinernen fand — aus einem Oberraume habe gelangen können.

Das Vorhandensein von Resten später zugebauter Strebepfeiler nöthigt weiter zu der Voraussetzung, dass in einer jüngeren Zeit das gedachte Viereck (1—7) die Bestimmung erhalten habe, einen schwereren Oberbau zu tragen als früher, etwa in der Art eines kleinen Thurmes, für dessen Last die Stärke der im Grunde vorhandenen Mauern als nicht aus-

[1] Die Masse der Breite der Thorwege von zwölf verschiedenen römischen Bogen siehe zusammengestellt in den Berichten und Mittheilungen des Wiener Alterthumsvereines. X. (Jahrgang 1866) S. 195.

reichend befunden worden sein muss. Es wird noch weiterhin davon die Rede sein, dass das aufgegrabene Gebäude zweimal zerstört worden ist. Ob nun nach der ersten oder nach der zweiten der Oberbau aufgeführt worden sei, lässt sich nicht mit völliger Bestimmtheit sagen; wahrscheinlicher ist das letztere. Denn der Zweck desselben kann nur der der Sicherung gegen feindliche Ueberfälle gewesen sein. Dies war aber durchaus nicht der ursprüngliche Zweck der Bauanlage, welcher bei der Wiederherstellung des Gebäudes nach der ersten Zerstörung aufrecht erhalten blieb, wovon noch gesprochen werden wird. Möglicherweise hat man, als das Gebäude zum zweiten Male in Asche sank, die nördlich von unserem Vierecke (1—7) gelegenen Räume in Ruinen gelassen, dagegen aus dem Viereck selbst ein Bollwerk geschaffen und, um dieses gegen die Ruinen abzuschliessen, die früher vorhandenen Thüren in die Räume 7 und 8 vermauert, so zwar, dass das neue Castell nur mehr einen einzigen Zugang von Südosten her hatte. Ist diese Vermuthung richtig, so haben im ursprünglichen Baue Thüren sowohl von 4 nach 7, als auch von 5 nach 8 und von 1 ins Freie bestanden, was ja auch an sich höchst wahrscheinlich ist.

Die ursprüngliche Bestimmung der Räume des Viereckes mit Ausnahme des schon besprochenen Raumes 3 steht, wie sich voraussetzen lässt, wol mit den Anstalten in den Nebenräumen in Verbindung; es werden sowol Wohnungen der in der Schmiede beschäftigten Leute als auch ein Raum für Bergung des nöthigen Holzvorrathes angenommen werden können. In 2, 5 und 6 hat man nicht blos Asche, sondern eine Lage von Holzkohlen angetroffen. Allerdings rühren diese wahrscheinlich von einer letzten Zerstörung, der das Bollwerk zum Opfer fiel, her; aber nicht aus dem Vorhandensein der genannten Kohlenlage schliessen wir auf das Vorhandensein eines Holzvorrathes in jenen Räumen schon zur Zeit v o r der Errichtung des Oberbaues, sondern vielmehr aus dem Umstande, dass die Räume 2, 5 und 6 als Behältnisse für Holz trefflich situiert waren, um einerseits die Heizkammern des Frauenbades, andererseits den Herd der Schmiede aus nächster Nähe mit Brennmaterial zu versehen.

Wenn man im Ganzen die Räumlichkeiten der südlichen Hälfte der Ausgrabungen überblickt, so fällt vor allem auf, dass die zwei Badeanlagen und die drei Gruppen von Wohn- und Werkräumen untereinander keinerlei Zusammenhang haben; vielmehr hat jeder einzelne Theil einen besonderen Zugang: das Männerbad von der Nordwestseite durch den Raum 46, das Frauenbad von der Südostseite durch den Gang 11, die Gruppe im nordöstlichen Winkel durch den Gang 23, jene im südöstlichen durch den Raum 4, endlich die zwischen den Bädern liegende Gruppe von Norden her. Diese Trennung und Vertheilung der Wohnräume einerseits, und andererseits ihre Verbindung mit den Badeanlagen und Werkräumen (praefurnia, Schmiede, Holzkammern), nicht minder die Beschränktheit der Dimensionen — alle diese Merkmale deuten darauf hin, dass die beiden aufgegrabenen Tracte nicht die eigentlichen besser ausgestatteten und bequemer eingerichteten Wohnräume für Personen höheren Standes und Vermögens, sondern nur den Anhang dieser, ihre Nebenräume, die Bäder, eine mit der Bestimmung des Gebäudes zusammenhängende Werkstätte, sowie die Wohnungen untergeordneter Leute und des Gesindes enthielten.

Die besseren Wohnungen, also der wichtigere Theil des Gebäudes, müssen in den beiden nun verlornen Tracten gegen Südwesten und Nordwesten angeordnet gewesen sein. Dafür sprechen auch zwei später noch darzulegende Umstände, einmal der, dass die Fronte des Gebäudes gegen Südwesten gekehrt war, dann der, dass man an der Stelle beider Tracte, im freien Felde zwischen den Räumen 1 - 10 und der Strasse nach Seebach, die meisten Münzen, mehr als die Hälfte aller gefundenen Geldstücke aufgegraben hat. Da sie nicht einem hier etwa vergrabenen Schatze angehören, wie noch gezeigt werden wird, sondern bei einer Flüchtung als der Inhalt von Beuteln und Taschen verstreut oder verloren worden sein müssen, ist anzunehmen, dass in den hier bestandenen Wohnräumen vermöglichere Leute sich aufgehalten haben, als in den anderen Theilen des Gebäudes.

Was das Technische in der Ausführung des Baues betrifft, so waren die Mauern von verschiedener Stärke, die von 16 bis 20 Zollen schwankt und an einigen Stellen darüber hinausgeht. (Siehe S. 17.) In den Räumen 1—15 sind sie aus Kugelsteinen des nahen Dambaches mit Anwendung von sehr hartem und reichlich verwendetem Mörtel gebaut. In den Räumen 20 bis 50 und 56 ist das Material würfelförmig zubehauener Kalkschiefer, der von dem nahen Berg, die Ecke genannt, im Süden von Windischgarsten stammt. Auch in dem Hypocaustum des Männerbades sind die Pfeiler zum Theil aus Kalkschiefer, zum Theil aus Kugelsteinen aufgeführt.

Man hat in der südlichen Hälfte überaus viel Schutt und Ziegeln, sowie Bruchstücke von Ziegeln gefunden; die grössere Menge lag im westlichen Theile, also im Männerbade und den nächst anliegenden Räumen, hier aber in wirrem Durcheinander eine Lage von 1 bis 2 Fuss Mächtigkeit bildend; weniger häufig zeigten sie sich im östlichen Tracte, in den Räumen 1—11. Sie hatten verschiedene Grössen und Formen und waren theils einfache Bauziegel von $7^3/_4$ zu $5^1/_4$ Zoll, theils Platten der Bedachung und des Pflasters von 20 zu 15 Zollen und 2 Zoll Dicke, oder von $10^1/_4$ Zoll im Quadrat. Wärmeleitungsröhren fanden sich gleichfalls in grösserer Zahl vor, alle aber gebrochen, was sehr deutlich auf einen Einsturz der Mauern hinweist, in welche sie eingelassen waren. Die Art ihrer Befestigung in den Wänden geschah nach einer Vermuthung J. Gaisbergers nicht mit Mörtel, sondern wie im Bade zu Scrofano mittelst eiserner Nägel, welche einen breiten runden schirmförmigen Knopf haben; man hat deren eine beträchtliche Menge in Windischgarsten gefunden.

Eine grosse Anzahl von Ziegeln trägt eingerissene Linien, worüber noch zu sprechen sein wird, andere tragen Stämpel (Taf. II, 1—4 und 15) der legio II Italica, dann des numerus Brittonum, wenn die Sigla richtig aufgelöst ist; auch eine ala wird in einem solchen Stämpel erwähnt; doch ist die nähere Bezeichnung derselben nicht mehr übrig.

Vom Aussenbau ist bis auf wenige Spuren nichts mehr erhalten. An der Südwestmauer des Raumes 1 zeigte sich ein künstlich behauener Eckstein, von welchem ein Sockel 6—12" breit vorspringend, wie schon bemerkt, an der Wand fortlief, aber von den schon besprochenen Pilastern unterbrochen wurde. Denselben Sockel traf man auch im Innern einzelner Gemächer, so an der Südwestmauer im Raume 3, an der inneren Nordwestmauer im Raume 5, dann an der Nordwestmauer in den Räumen 31, 32, 33. Einen zweiten behauenen Stein fand man an der Südostmauer des Raumes 28; endlich lag ein roher noch unbehauener Stein aus Nagelfluo — der grösste, auf den man bei diesen Ausgrabungen gerieth, 33 Zoll lang, 20 hoch, 18 breit — an der Südwestecke von 47, wahrscheinlich zur Zurichtung an Ort und Stelle bereit.

Am Eingang von 38 nach 39, vom Frigidarium ins Tapidarium des Männerbades, waren die Steinmauern von einer Ziegelmauer eingefasst, die aus Ziegeln von 15¼ Zoll im Quadrat errichtet war; einige von ihnen trugen Stämpel des numerus Brittonum und der ungenannten ala.

Endlich fand man Reste von Estrichböden in den Räumen 21 und 24, dann neben 38 und im Caldarium des Männerbades (43). In einem Raume des östlichen Tractes, der aber nach dem betreffenden Schreiben des Herrn Pf. Oberleitner an Frhn. v. Sacken nicht näher bezeichnet werden kann, fand man ein Ziegelpflaster in den Lehmboden eingelassen, das aber fast schon ganz aufgelöst war.

Wenn nun diese Beobachtungen, die sich in Hinsicht auf die Technik und die verwendeten Ziegeln anstellen liessen, ebenfalls zusammengefasst werden, so ergiebt sich als Ergänzung der schon oben dargelegten Charakteristik noch, dass die südliche Hälfte der Ausgrabungen einem Gebäude angehört, welches durchaus gemauert war und dessen Bau von verschiedenen Truppenkörpern ausgeführt wurde, sowie, dass man nach der Verschiedenheit des verwendeten Steinmateriales eine zweifache Bauperiode unterscheiden kann; in der einen wurde mit zubehauenen Kalkschieferwürfeln gebaut (20—50 und 56) in der andern mit rohen Kugelsteinen (1—15). Mit der letzteren Erscheinung lässt sich endlich auch verbinden, dass in dem einen Hypocaustum die Pfeiler breiter und durchaus in regelmässigen Abständen, in dem andern aber (25, 26) schwächer und, soweit sie erhalten sind, in ungleichen Zwischenräumen angelegt waren; es war also das zweite Hypocaustum nicht so sorgfältig und rein ausgeführt als das erste. —

Die andere gegen Norden, jenseits des genannten Feldweges gelegene Hälfte der Ausgrabungen sticht sehr scharf von der diesseitigen ab. Es zeigen sich hier kaum 20, aber auffallend grosse Räume bis zu 9 und 10 Klafter Länge und 9 Klafter Breite. Einer von diesen Räumen (56) steht völlig isoliert; er war, wie man aus den Resten schliessen kann, auf drei Seiten von Höfen umgeben und auf der vierten gegen die Wohngebäude mit einer Mauer abgeschlossen; nur an der Südostecke war ihm ein kleiner Raum (59) angebaut. Der andere grosse Raum (62) war mit mehreren kleineren in Verbindung. Man hat in ihm Steinpflaster gefunden. Die Mauern sind in dieser Hälfte 18 bis 21 Zoll breit. Doch finden sich auch deren zu 13 und 17 Zoll (Raum 59 und 62), sowie zu 24, 26 und 27 (Raum 58, 64, 67) und zwar so, dass in einem und demselben Raume die Dicke der einzelnen Mauerwände nicht gleich ist. Z. B. im Viereck, welches die Räume 62, 63, 66 zusammen bilden, sind die Mauern auf drei Seiten 19 Zoll, die vierte gegen Nordwesten nur 17 Zoll stark; in 59 wechseln sie von 13 zu 17 Zoll; in 64 ist die südwestliche Mauer 19, die südöstliche 18, die nordöstliche 25, die nordwestliche nur 12 Zoll stark. Das Mauerwerk bestand in dieser Hälfte lediglich aus würfelförmigen 1½ Fuss langen, ½ Fuss breiten Werkstücken aus Kalkschiefer von der ‚Ecke‘, die aber nur an einzelnen Stellen mit Mörtel gefügt waren, sonst waren die Zwischenräume mit Erde ausgefüllt. An jenen Stellen, wo sich Mörtel verwendet zeigte, bildeten die Werkstücke, im Gegensinne auf die Kante gestellt, das opus spicatum (vgl. Tafel I, Querschnitt A—B): es sind dies die Mauer, welche die Räume 52, 55 und 56 gegen Südwest abschliesst, dann die Südostmauer in den Räumen 62 und 66. Schutt und Ziegel fand man in dieser Hälfte gar nicht, dafür aber sehr viele Kohlen und Asche, woraus mit Recht gefolgert wird, dass der Oberbau in diesen Räumen aus Holz bestanden habe und nur der Sockel aufgemauert gewesen sei. Von einzelnen Geräthschaften, die man hier fand, werden 5 Eisenschuhe für Maulthiere zur Schonung der Hufe [1] und eine Pferdetrense, in 62 gefunden, dann ein Schmuckgeräthe [2] und Anhängsel zu solchen, darunter ein Phallus, in 66 erhoben, genannt. An einer nicht näher bezeichneten Stelle, jedenfalls aber in der nördlichen Hälfte, 8 Klafter vom Feldwege entfernt, fand man eine Bronzemünze, Scherben von feinem Thon und Fragmente von Eisen.

[1] Siehe Taf. IV. 5ᵃ, 5ᵇ, 12ᵃ, 12ᵇ, 12ᶜ.
[2] Siehe Taf. V, 7.

Es ist nicht schwer, in diesen Resten die ehemaligen Wirthschaftsgebäude zu erkennen, welche zur römischen Ansiedlung gehörten, in 56 etwa eine Scheune, die Getreide und Futtervorräthe, sowie leicht brennbare Geräthe enthielt und daher isoliert blieb, während in 62 und seinen Nebenräumen die Stallungen, Remisen, Werkstätten und Wohnräume der dazugehörigen Diener und Knechte sich befanden. —

Dass beide Bauanlagen zusammengehörten, beweist zunächst der Umstand, dass aus dem Raume 56 eine Mauer zwischen die Räume 34 und 37 der südlichen Hälfte hineinreicht. Auch ist die Richtung der Haupt- und Quermauern in der nördlichen Hälfte zwar nicht durchaus parallel zu jener der entsprechenden Mauern in der südlichen; die ersteren stehen mehr gegen Südwesten, die letzteren mehr gegen Süden. Doch ist im Ganzen und Grossen die Richtung der Räume in der einen Hälfte dieselbe wie in der andern; schon auf den ersten Blick betrachtet man beide Anlagen als zusammengehörig, als ein Hauptgebäude mit den dazugehörigen Nebenbauten. Da die letzteren nach einem allgemein befolgten Gebote der Schönheit und des Anstandes in den Rücken des Hauptgebäudes verlegt werden, darf man mit Sicherheit annehmen, dass auch für diese Anlage die Fronte gegen Südwesten gerichtet und in ihrer Mitte der Haupteingang angeordnet gewesen sei. In der That ist der Zwischenraum zwischen dieser und der Umfassungsmauer vier Klafter weit, so dass eine bequeme Zufahrt möglich war. Der ganze Baucomplex hatte also seiner Axe zufolge eine Richtung von Südwest gegen Nordost.

Von den Vorkommnissen an jenen Theilen, die von dem aufgegrabenen Complexe mehr oder minder entferntliegend hie und da Mauerspuren zeigten, ist nur wenig zu melden. Im aufgegrabenen Terrain zwischen dem Hafnerkreuz und den Räumen 47 bis 50 fand man nach dem Protokolle Kohlen, Scherben grosser Thongefässe und einen Bronzekegel. In dem grossen leeren Raume südwärts vom Männerbade kamen zwei kleine Thonlampen, dann bei 80 ein grosses Thongefäss und etwa 3½ Fuss gelöschten Kalkes, ferner am Ende des langen Versuchsgraben im Osten, nördlich von der im Plane mit 79 bezeichneten Stelle, wo keine Mauern standen, Scherben aus terra sigillata und Holzkohlen zu Tage. Auf dem Weberfelde,

d. i. in den Räumen 46, 47, 48, 50 und im freien Felde gegen die Seebacherstrasse zu fand man 12 Münzen, im freien Felde vor den Räumen 1, 2, 5, 8 zu verschiedenen Malen 16, dann im ganzen Felde zwischen den Räumen 1 bis 10 und der Strasse nach Seebach 200 Münzen zerstreut an einzelnen Stellen.

Da über die wichtigeren Fundobjecte, die im Vorübergehen schon genannt wurden, noch weiter unten gehandelt werden wird, ist hier zunächst die Frage zu beantworten, welches die Bestimmung des gesammten Baucomplexes und sein Verhältniss zum Römerorte gewesen sei, der in Windischgarsten bestanden hat.

Dass sich an letzterem römische Truppenkörper befanden, noch mehr, dass diese die Erbauer des aufgegrabenen Gemäuers waren, steht fest. Zunächst könnte man nun auch daran denken, das letztere habe eben den Truppen zum Wohnorte gedient, es habe zu ihrem Castelle gehört.

Allein sofort tauchen dagegen sehr begründete Bedenken auf, die alle sich aus der Bauanlage selbst ergeben. Militärische Bauten, so verschieden sie im Detail nach den Verhältnissen des Terrains ausgeführt wurden, verrathen doch ein gewisses Schema in der Anordnung, weil ja die Bedürfnisse und die wichtigeren Gesichtspunkte überall dieselben waren. Namentlich bilden sie eine klare übersichtliche und regelmässige Anlage. Ganz im Gegensatze dazu sind in den Aufgrabungen von Windischgarsten Räume verschiedener Grösse bunt durcheinander gebaut, ohne dass zwischen ihnen eine freie Bewegung für eine grössere Anzahl von Menschen möglich gewesen wäre. Sie machen den Eindruck von Nutz- und Wirthschaftsräumen und dazwischen eingetheilten kleinen Wohnungen, die verschiedenen Forderungen genügen, nicht aber den einer Massenwohnung, in welcher die Gleichheit der Bedürfnisse vieler Menschen durch eine regelmässige auf Raumersparung ausgehende Anordnung der Räume ersichtlich würde.

Noch ein anderer Grund spricht gegen die Deutung der aufgedeckten Bauten auf ein Castell. Nach einer in der Natur der Sache begründeten und thatsächlich constant beobachteten Regel kehrte man die Fronte der Castelle gegen jene Seite hin, woher ein Angriff des Feindes zunächst erwartet werden konnte. Dies kann für Windischgarsten nur die Nordwestseite gewesen sein, indem das von Bergen umschlossene Thal nur von dieser Seite einen Zugang aus den Donaugegenden hatte; es mündet hier die schon öfter besprochene Bergschlucht, die über Tutatio (Klaus) in das Alpenvorland und die Stromebenen hinausführt. Die transdanubianischen Germanen, welche von der Donau aus vordrangen und den Uebergang über den Pirn gewinnen wollten, konnten zu diesem nicht anders gelangen, als durch jenen Pass, sie mussten das Castell von Ernolatia im Nordwesten angreifen, seine Fronte musste also eben dahin gerichtet sein.

Es war aber kurz vorher die Rede davon, dass die Fronte des Gebäudes, welchem unsere Ausgrabungen angehören, vielmehr nach Südwesten gerichtet war. Auch würden ja, wenn man gleich annehmen wollte, dass die Nebenbauten nicht hinter, sondern an der Seite des Gebäudes gestanden hätten, dass mithin dessen Fronte nicht nach Südwesten, sondern nach Nordwesten, in der Richtung der Strasse nach Seebach, gerichtet gewesen wäre, das aufgegrabene Gemäuer also doch dem Castelle hätte angehören können, — es würden in diesem Falle die Wirthschaftsgebäude mit ihrem hölzernen Oberbau nahe an die Fronte zu stehen gekommen, folglich den Schleuderbränden der Feinde auch zunächst ausgesetzt gewesen sein. Dies ist ganz undenkbar; schon das ist durchaus unwahrscheinlich, dass man so ausgedehnte Räume, die mit dem Zwecke des Castelles in keiner directen Verbindung stehen, in dieses selbst verlegt haben sollte.

Endlich was sollte wol in einem Castelle eine zweifache Badeanlage, von der obendrein die eine, wie nach den Fundobjecten zu schliessen ist, für Frauen bestimmt war.

Die Existenz eines Castelles in Ernolatia steht allerdings ausser Zweifel, nur muss es auf einem andern Platze, als welchen die Ausgrabungen einnehmen, gesucht werden. Es ist nun nicht die Aufgabe dieser Untersuchung, den wahrscheinlichsten Platz desselben anzugeben. Aber so viel sei noch bemerkt, dass das ausgegrabene Gebäude mit der nach Nordwesten gerichteten Seite gewiss nicht frei stand, sondern dass ihm in dieser Richtung andere Bauten vorgestanden haben müssen, die schon aufgeführt waren, als unser Gebäude errichtet wurde. Denn, wäre dies nicht der Fall gewesen, so würden die Scheunen und Ställe mit dem Oberbau aus Holz und zwar mit den Langseiten den Beschädigungen bei einem Ueberfalle zunächst preisgegeben gewesen sein. Das wäre ein Fehler der Anordnung gewesen, der um so weniger zu erwarten ist, als ja das Gebäude in einem Grenzlande erbaut wurde, welches kurz vorher von feindlichen Ueberfällen während des Markomannenkriegs zu leiden hatte; bei öffentlichen Bauten in einem Grenzlande musste vor allem die Möglichkeit feindlicher Ueberfälle berücksichtigt werden, umsomehr wenn man durch jüngste Erfahrungen gewarnt war; auch waren es ja Soldaten, die den Bau vollführten und von andern militärischen Bauten her die nothwendigsten Vorsichtsmassregeln in dieser Beziehung kennen mussten.

Daher darf es als sicher angenommen werden, dass, wenn ein die Wirthschaftsgebäude gegen Nordwesten deckendes Gebäude nicht schon vorgestanden hätte, man dem Baue eine andere Richtung und Eintheilung gegeben haben würde, dass also — da dies nicht geschehen ist — in der That ein solches Gebäude bestanden hat. Ob dies das Castell oder ein anderes grösseres Haus gewesen sei, lässt sich freilich nicht mehr bestimmen, aber ganz unwahrscheinlich ist das erstere keineswegs, zumal als das Castell, wie wir noch sehen werden, früher entstanden ist, als die mansio, und als in Folge der Orientirung des Gebäudes von Südwest nach Nordost, seine Nebenseiten gegen Nordwest und Südost sahen, mithin parallel zur Fronte und zur Rückseite des Castelles liefen. Vielleicht hängt eben damit die Orientirung des ausgegrabenen Gebäudes zusammen.

Um nach dieser Abschweifung wieder auf die Ausgrabungen zurückzukehren, so gehörten die Mauerreste also nicht zum Castelle, sie hatten also keine militärische Bestimmung. Wol aber gehörten sie zu einem auf öffentliche Kosten erbauten, mithin auch einem öffentlichen Zwecke dienenden Gebäude. Damit entfällt auch der Gedanke, dass hier eine Villa gestanden haben könne. In der armen abgelegenen

Gebirgsgegend, wie jene von Windischgarsten ist, welche für keinen Industriezweig eine Ausbeute bot, vielmehr in römischer Zeit gewiss noch mehr sumpfig war als heutzutage, und in einem Orte wie Ernolatia, welcher ausser der hier nicht in Rede kommenden strategischen Wichtigkeit keine Bedeutung als nur diejenige hatte, die ihm der Zug der Reichsstrasse und der Waarenverkehr über den Pirn verlieh, in einer solchen Gegend und in einem solchen Orte kann auch der Zweck eines grösseren Staatsgebäudes eben nur mit der Reichspost in Verbindung gedacht werden. Auch einzelne Fundobjecte deuten dahin, wie die Eisenschuhe für hufkranke Maulthiere, der Zügelring (Taf. V, 9), das Glöckchen eines Saumthieres, namentlich aber die vielen Knochen und Zähne von Pferden und Maulthieren, deren noch Erwähnung geschehen wird.

Für eine einfache Wechselstelle der Pferde, eine mutatio ist nun aber die Anlage des Baues viel zu weitläufig; es genügten für solche einfache Stallungen mit einem kleineren Wirthschaftsgebäude für die Unterkunft der Knechte. Vielmehr deutet die weitläufige Anlage des ausgegrabenen Gebäudes und die Menge und Ausdehnung der Nebenbauten auf eine Nachtherbergestelle, eine mansio hin. Eine solche musste mit einer grösseren Zahl von Wohnräumen und diese mit einem leidlichen Comfort ausgestattet sein. Dazu gehörte bei der Gewöhnung der Römer an den täglichen Gebrauch der Bäder die Anlage einer Badeanstalt. Sie mag allerdings keine unumgängliche Bedingung einer mansio in grösseren Orten gewesen sein, wo deren ohnehin als Privatunternehmungen bestanden. Anders aber war es in einem kleineren Gebirgsorte, in welchem man nach einer Tagereise eintraf und übernachtete und wo man vergeblich nach einem Bade ausserhalb der mansio gesucht hätte. Denn man kann sich wol vorstellen, dass diese neben dem Castelle das vornehmste Gebäude des Ortes war. In diesem Falle war eine Badeanstalt geradezu ein Bedürfniss; es kommt noch dazu, dass die Römer zumeist vor der Hauptmahlzeit (d. i. des Abends) zu baden pflegten und die Reisenden eben um jene Zeit in der Nachtherberge eintrafen.

Eine solche wenn auch nur mässige Bequemlichkeit erforderte schon einen grösseren wirthschaftlichen Apparat.

Ueberdies war bei der Nähe des Gebirgsüberganges und der Abgelegenheit des Ortes eine grössere Anzahl von Pferden und Maulthieren, sowie ein reichlicher Vorrath von Getreide und Futter nothwendig; für diese Bedürfnisse war wieder eine ausreichende Anzahl von Ställen, Scheunen und Schoppen erforderlich. Man kann sich ja doch denken, wie lebhaft die Bewegung nicht blos der Courier- und gewöhnlichen Postwägen, sondern auch der Lastwägen für den Waarenverkehr auf dieser Strasse war; eine grössere Anzahl von Beamten, Soldaten, Handelsleuten nebst ihrer Begleitung und ihren Dienern kehrte hier zu, dazu kamen noch die Dienstleute des Hauses. Daher auch die mehreren vertheilten und kleinen Wohnräume, welche der Plan der Ausgrabungen zeigt, die getrennten Badeanlagen, geräumigen Höfe und Nebenbauten; dann die Vorkehrungen für die Sicherheit, die Anordnung im südwestlichen Winkel des Ortes, nächst der Mauer der Umfassung, die Richtung der Fronte von der am meisten bedrohten Seite weg, die Nähe des Castelles. Nach dem Eindrucke aller dieser Merkmale wird man nicht umhin können, die ausgegrabenen Mauern als die Ruinen einer mansio zu betrachten. Bestand nun aber eine solche in Ernolatia, so waren deren folgerichtig auch in je den zweitnächsten Stationen angebracht, welche die Tafel nennt, und mithin waren in den Städten Virunum und Ovilaba nur Wechselstellen, mutationes.

Für die Bestimmung der Zeit, in welcher die mansio von Ernolatia erbaut wurde, sind schon im ersten Theile der Untersuchung Momente geltend gemacht worden, welche auf die Regierungsepoche des Kaisers Alexander Severus hindeuten. Anders verhält es sich mit dem Castell von Ernolatia, dessen Existenz, auch wenn man davon bisher keine Spuren aufgefunden hat, nicht bezweifelt werden darf. Das Castell wurde sehr wahrscheinlich unter K. Septimius Severus (193—211) erbaut, als auf Grundlage der Erfahrungen, die man in den grossen Kriegen mit den Germanen gemacht hatte, die Wiederherstellung und Verstärkung der Grenzhut in Angriff genommen und durchgeführt wurde. Das Castell bestand also aller Wahrscheinlichkeit nach schon, als die mansio erbaut wurde.

Bisher sind die einzelnen Fundobjecte, welche bei den Ausgrabungen von Windischgarsten zu Tage kamen, nur in so ferne genannt worden, als der Platz ihrer Auffindung — was nur bei wenigen der Fall war — angegeben ist und als sie für die Erkenntniss der einstigen Bestimmung einzelner Räume wichtig sind. Auch sind einige Erscheinungen, die sich zeigten und die mit der Feststellung des ursprünglichen Zweckes der Bauanlagen nichts zu thun haben, wol aber für die Geschichte derselben von Belang sind, übergangen worden.

Es handelt sich nun mehr darum, diese Erscheinungen und die Fundobjecte einer Untersuchung zu unterziehen, um zu einem Ergebnisse über die Schicksale der mansio zu gelangen und dabei zu sehen, ob die Merkmale der mitgefundenen Objecte mit der oben angegebenen Bestimmung der Zeit ihrer ersten Erbauung im Einklange stehen oder nicht.

Die wichtigste Erscheinung zeigte sich an der Ostseite des Gebäudes, d. i. in den Räumen 1—30; man fand hier zwei Culturschichten: zu oberst eine 6 Zoll starke gute Ackerkrume, unter dieser eine Schicht von Steinen und Mörtel, welche 3 Zoll mächtig war, auf diese wieder folgte Lehm, 2 Fuss tief. Diese Culturschicht, die jüngere, ist also 2 Fuss 9 Zoll stark; in der Tiefe von 1½ Fuss fand man die meisten Münzen, von welchen noch die Rede sein wird. Unter der Lehmschicht fand sich eine zweite ältere Culturschicht; sie zeigte zu oberst eine 1½ Zoll starke Lage von Holzkohlen, dann Mörtel und Mauerschutt mit Bruchstücken von Gefässen aus terra sigillata.

Ebenso kamen im Raume 62 die oben genannten Eisenschuhe zur Schonung der Hufe von Maulthieren unterhalb des Steinpflasters, das man dort fand, zum Vorschein.

Damit lässt sich verbinden, dass, wie gleichfalls schon bemerkt wurde, im Raume 46 ein sehr grosser noch völlig unbehauener Stein angetroffen wurde; nahe bei dem langgestreckten Reste eines Estrichbodens, der vom Raume 38 gegen die Umfassungsmauer sich hinzieht, fand man etwa 3½ Fuss gelöschten Kalkes, ungefähr die Ladung eines Schiebkarrens voll. Auch gehört es hieher, dass man nach den beim Baue verwendeten Gesteinarten und der ungleichen Bauart der Hypocausten zwei Bauperioden unterscheiden kann. Endlich wurden viele thierische Ueberreste gefunden, welche der Landesthierarzt Herr Würzl einer sorgfältigen Untersuchung unterzog. Es sind darunter Schneidezähne von Rindern, Ziegen und Schafen, Hauer von grossen und kleinen Ebern, Backenzähne von Schweinen, Wirbelknochen, Rippen, Schenkel- und Schulterknochen von grossen und kleinen Wiederkäuern, zumal aber sehr viele Schneide- und Backenzähne sowie Backenknochen von Einhufern (Pferde und Esel) erkannt worden. Wie das Protokoll bemerkt, fanden sich zahlreiche von den letzteren in fast allen Räumen der südlichen Hälfte des Gebäudes, also dort, wo die Wohnräume und Badeanlagen waren; ein südlich von 46 gefundener Schädel zerfiel sofort, als er an die Luft kam; auch von den Fragmenten eines andern Schädels spricht das Protokoll, welcher vermuthlich einem Kinde angehörte. Wahrscheinlich waren diese Bruchstücke zu unbedeutend, um bei der fachmännischen Untersuchung in Betracht gezogen zu werden.

Aus diesen Erscheinungen lässt sich mit Bestimmtheit folgern, dass der ursprüngliche Bau zu irgend einer Zeit von einer Feuersbrunst heimgesucht wurde, welche, soweit die gemachten Angaben einen Schluss gestatten, den östlichen Tract und die hinter ihm gegen Norden liegenden Wirthschaftsgebäude vollkommen zerstörte, so dass nur das nackte Mauerwerk stehen blieb; so in den Räumen 20 bis 29, während in den Räumen 1—15 auch die Mauern scheinen sehr stark beschädigt worden zu sein, weshalb sie in diesem Theile später neu errichtet werden mussten, wozu man ein rohes Materiale (Kugelsteine) verwendete. Ueberhaupt scheint man die Restauration eilfertig betrieben zu haben; man räumte den beim Brande herabgefallenen Schutt nicht weg, sondern stampfte ihn wol nur stellenweise zusammen, um ein gleiches Niveau herzustellen und legte darüber einen neuen Boden von Lehm und in diesen stellenweise gegossenen Estrich oder Ziegelplatten.

Dagegen ist das Männerbad mit den nächst anliegenden Räumen, also die Gruppe 31 bis 50 von dem Brande nicht so hart mitgenommen, wenigstens nicht zerstört worden. Allerdings zeigen sich an einzelnen Pfeilern des Hypocaustums Kugelsteine neben Kalkschieferquadern verwendet, woraus auf eine Ausbesserung der Pfeiler in späterer Zeit zu schliessen ist. Wahrscheinlich hat die beim Brande einstürzende Decke des Raumes 43 die suspensura durchgeschlagen und theilweise auch die Pfeiler beschädigt. Aber so gründlich als im östlichen Tracte war hier die Verwüstung sicher nicht, weil das bei der Restauration verwendete Materiale (Kugelsteine) hier nur sehr sparsam auftritt; auch fand man hier nur eine Culturschicht.

Es lässt sich aus diesen Angaben der Gang, welchen der Brand genommen, erkennen. Er gieng von Nordosten oder Südosten aus und erstreckte sich in entgegengesetzter Richtung über den östlichen Theil des Gebäudes, wurde aber wahrscheinlich durch den Luftzug oder die Richtung des Windes (aus Nord- oder Südwest) von dem westlichen Theile des Baues abgehalten, bevor dieser ganz zerstört war.

Ob die Katastrophe plötzlich hereinbrach oder vorhergesehen wurde, lässt sich aus keinem Anzeichen mehr erkennen. Die Fundobjecte sind allerdings so auffallend wenig, namentlich das Geräthe und der einfache Schmuck — um von Kostbarkeiten nicht zu reden — dass man schliessen sollte, es sei den Bewohnern gelungen, sich rechtzeitig mit Hab und Gut zu flüchten. Allein das Bild, welches die aufgefundenen Gegenstände gewähren, bezieht sich nicht auf die erste Zerstörung, sondern auf eine zweite; dieser gieng eine Wiederherstellung des Gebäudes voraus und, so eilfertig solche auch geschehen sein mag, so ist doch zu vermuthen, dass man den Mauerschutt durchsucht und das Werthvolle und Brauchbare aufgenommen und geborgen habe.

Sicherer lässt sich von der zweiten über das ganze Gebäude erstreckten Zerstörung sagen, dass sie vorausgesehen werden konnte. Es muss den Einwohnern gelungen sein, fast alle Habseligkeiten mit sich zu nehmen, so dass nur werthloses Geräthe, Messerklingen, Schlüssel, das Thongeschirr, Beschlägstücke und dergleichen zurückblieb. Die Asche, welche man 1—6 Zoll dick, in verschiedener Tiefe in allen Theilen der Ausgrabung, vorzüglich aber im südlichen vorfand, deutet darauf hin, dass auch diese zweite Zerstörung mit einem Brande verbunden gewesen sei. Vielleicht steht damit die eigenthümliche Erscheinung im Zusammenhange, dass sich so viele Kiefer-, Schneide- und Backenzähne von Einhufern im südlichen Theile des Gebäudes vorfanden. Wahrscheinlich hat man Pferde, Maulthiere und Rinder, welche brauchbar und tüchtig genug waren, die Strapazen der Flucht mitzumachen, mit sich getrieben, alte und kranke Thiere aber frei gelassen; diese mögen Nahrung suchend in dem verlassenen Gebäude herumgeirrt und beim Brande umgekommen oder auch von den einfallenden Feinden geschlachtet worden sein. Endlich steht noch das nebensächliche Factum fest, dass man beim Eintritte der zweiten Katastrophe eben mit Bauarbeiten beschäftigt war, wie der unbehauene Stein und der ungelöschte Kalk beweisen, den man vorfand. Es muss also diese Katastrophe in der milderen Jahreszeit, in der man Bauarbeiten auszuführen pflegt, erfolgt sein, wofür auch der schon bemerkte Umstand spricht, dass die Mündung des praefurnium (44) leicht verlegt war, was zur Zeit des Sommers geschah.

Es ist von den Fundobjecten, um nun von diesen zu sprechen, leider nicht angegeben, welche von ihnen, soweit die Stelle der Auffindung bekannt ist, in der oberen und welche in der unteren Culturschicht getroffen wurden, mit einziger Ausnahme der Fragmente von Gefässen aus terra sigillata. Daher muss vorläufig die Thatsache einer zweimaligen Zerstörung festgehalten und damit im weiteren Verlaufe der Untersuchung der zeitliche Charakter der Fundobjecte verglichen werden.

Von ihnen sollen die redenden vorausstehen, d. h. jene, welche Inschriften und Schriftzeichen tragen. Die anderen, welche keine prägnanten Merkmale für die Zeitbestimmung darbieten, werden zum Schlusse in kurzer Beschreibung angefügt. Zu ersteren gehören die Münzen, die Ziegel und Gefässe mit Stämpeln und solche, die ab und zu auch mit eingeritzten Schriftzeichen versehen sind.

Die aufgefundenen Münzen, 378 an der Zahl, sind nebenan übersichtlich zusammengestellt auf Grundlage einer überaus sorgfältigen und mit Sachkenntniss ins Detail eingehenden Beschreibung, welche der Referent für Numismatik im Museum Francisco-Carolinum, Herr Joseph von Kolb — den Fachmännern als Specialist für die Münzen der Kaiser Tacitus und Florianus bekannt — abgefasst hat.

Unter diesen 378 Münzen rühren 377 von römischen Kaisern, nur eine von einer Stadt (Viminacium) her, auch diese in der Kaiserzeit, unter Philippus I. (244—249) geprägt. Von den Kaisermünzen sind 16 Stücke Denare aus der Zeit von Vespasian bis einschliesslich Alexander Severus (und Julia Mammaea), d. i. 69 bis 235 n. Chr.; dann 13 Sesterze in Kupfer fast aus derselben Zeit und ein grosses Kupferstück, dessen Gepräge verschliffen ist, wol aber auch nicht über Alexander Severus herabgeht. Von Mittelbronze — meist Dupondien — zeigten sich 21 Stücke aus der Zeit von Nero bis Commodus (54—192) und 4 aus dem Beginne des IV. Jahrhunderts. Dagegen bestand die weitaus grössere Anzahl der Münzen aus (1) Billon- und (309) Weisskupferdenaren von Gordianus III. bis Herculeus (237—310)[1]; dazu kommen zwölf Kupferdenare (Kleinbronzen) des IV. Jahrhunderts.

Kaiser:	Silber	Bronze Gross-	Bronze Mittel-	Bronze Klein.
1) Nero (54—68)	—	—	1	—
2) Vespasian (69—79) . .	2	—	1	—
3) Domitian (81—96) . .	1	2	1	—
4) Nerva (96—98) . . .	—	—	1	—
5) Trajan (98—117) . . .	1	1	—	—
6) Hadrian (117—138) . .	2	1	6	—
7) Sabina	—	—	1	—
8) Antoninus Pius (138 bis 161)	1	—	1	—
9) Faustina senior	—	1	—	—
10) M. Aurel (161—180) . .	—	1	2	—
11) Faustina junior	—	1	2	—

[1] Von den bei J. Gaisberger (Separatabdr. S. 58) angeführten und als Schlusspost auch in das oben eingerückte Verzeichniss aufgenommenen 64 Münzen sind mit Ausnahme etwa der einen Grossbronze und dreier Kleinbronzen alle übrigen Stücke (60) Weisskupferdenare aus der Zeit der Kaiser Gallienus, Claudius II., Aurelianus und Probus (von letzterem nur einige). Diese Mittheilung verdanke ich der Güte des Herrn Joseph von Kolb, welcher die Fundmünzen wiederholt prüfte und namentlich auf eine besondere Anfrage hervorhob, dass unter den nicht mehr bestimmbaren kein einziges Stück aus der Zeit von Gordianus III. bis Gallienus (exclusive) sich gezeigt habe.

Kaiser:	Silber	Bronze Gross-	Mittel-	Klein.
12) L. Verus (161—169) . .	—	—	2	—
13) Lucilla	—	1	2	—
14) Commodus (180—192) .	—	—	1	—
15) Septimius Severus (193 bis 211)	2	2	—	—
16) Julia Domna	1	—	—	—
17) Caracalla (211—217) . .	—	1	—	—
18) Elagabalus (218—222) .	1	—	—	—
19) Julia Paula	1	—	—	—
20) Julia Maesa	2	—	—	—
21) Alexander Severus (222 bis 235)	1	1	—	—
22) Julia Mammaea . . .	1	1	—	—
	Billon			
23) Gordianus III. (237—244)	1	—	—	—
	Weisskupferdenare			
24) Gallienus (260—268) . .	76	—	—	—
25) Salonina	6	—	—	—
26) Saloninus	1	—	—	—
27) Victorinus	2	—	—	—
28) Claudius II. (268—270) .	84	—	—	—
29) Quintillus (270) . . .	3	—	—	—
30) Aurelianus (270—275) .	34	—	—	—
31) Severina	2	—	—	—
32) Tetricus I. (268—273) .	1	—	—	—
33) Tacitus (275—276) . .	1	—	—	—
34) Probus (276—282) . .	28	—	—	—
35) Numerianus (282—284) .	5	—	—	—
36) Carinus (282—285) . .	3	—	—	—
37) Diocletianus (284—305) .	1	—	—	—
38) Maximianus (286—310) .	2	—	—	—
39) Constantius Chlorus (292—306)	—	—	2	—
40) Galerius (292—311) . .	—	—	1	—
41) Daza (305—313) . . .	—	—	1	—
42) Licinius I. (307—323) .	—	—	—	1

Kaiser:	Weisskupferdenare	Bronze Gross-	Mittel-	Klein.	
43) Constantin der Grosse (306—337)	—	—	—	1	
44) ? (Söhne Constantin's) .	—	—	—	3	Inschriften verwischt.
45) Valens (364—378) . .	—	—	—	4	
46) Unbestimmt	60[1]	1	—	3	

47) Viminacium, Colonie, v. K. Philippus I., anno VIII	—	—	—	1

Unter diesen Stücken fehlen in Cohen, Description historique des médailles Impériales: Gordianus III. (Die Münze zeigt auf der Vorderseite IMP·GORDIANVS PIVS·FEL·AVG Büste des Kaisers mit der Strahlenkrone von rechts. ℞ SALVS AVG Salus stehend, in der Linken das Scepter, mit der Rechten die Schlange fütternd, links ein Altar); ferner Gallienus (GALLIENVS AVG Kopf mit der Strahlenkrone von rechts. ℞ VOT | X | ET | XX In vier Zeilen innerhalb eines Lorbeerkranzes; der Stämpel bisher nur in Gold bekannt (Cohen VII 81); ferner Probus (IMP·C·PROBVS P·F·AVG Büste mit Panzer und Strahlenkrone von links. ℞ CONSERVAT·AVG Sol stehend mit der Kugel; im Abschnitt TXXT (Tarraco). — Die übrigen Münzen sind beschrieben in Cohen's Werke; es genüge hier statt der ausführlichen Beschreibung auf dieses Werk hinzuweisen. Die Citate sind aus des Herrn v. Kolb sehr eingehender und verdienstlicher Zusammenstellung des Münzfundes entnommen; die vorangestellten arabischen Ziffern beziehen sich auf die Nummern, unter denen oben die einzelnen Posten aufgeführt wurden.

1) Cohen I 246. — **2)** I 108, 153, 238. — **3)** Verschliffen. — **4)** I 108. — **5)** Denar, II 27. Sesterz verschliffen. — **6)** Ein Denar II 324, der andere verschliffen; die Bronzen II 731, 828, 873, 923; die anderen verschliffen. —

[1] Aus der Epoche von Gallienus bis Aurelianus.

7) II 52. — 8) Denar II 115; Bronze verschliffen. — 9) II 141. — 10) II 646, die anderen unleserlich. — 11) II 231, VII 32, die dritte verschliffen. — 12) Verschliffen. — 13) III 66, 79, 93. — 14) III 600. — 15) III 20, 121, 480; ein Stück unleserlich. — 16) III 65. — 17) III 565. — 18) III 97. — 19) III 2. — 20) III 4, 14. — 21) Denar unleserlich, Bronze IV 360. — 22) IV 11, 41. — 23) Siehe oben beschrieben.

24) IV 28 mit und ohne B (5 Stücke), 34 (2 Stücke), 41 mit und ohne Γ (2 Stücke), 58 mit Z (2 Stücke), 59 mit M, 61 mit Δ, 97, 103 mit Є (3 Stücke), 107 mit X (2 St.), 109 mit Γ (2 St.), 109 mit XI (1 St.), mit XII (5 St.), 152, mit N. 169, mit S. 204, mit S. 227 mit XI (2 St.). 249. 337, mit B. 354 (3 St. mit A, mit H und ohne Zeichen). 366 mit N. 390 (2 St., eines mit T). 404, mit S. 415. 466 (2 St.). 472 (verschliffen). 503. 504. 524. 541 (9 St., eines mit Є). 578. 694 mit X (3 St.). Die übrigen Stücke verschliffen, unter ihnen 4 Bruchstücke.

25) IV 32 mit Δ, 46, 50 mit Δ (2 St.), 87 ähnlich mit H; eine Münze verschliffen.

26) IV 8, schönes Exemplar. — **27)** V 5, 29.

28) V 38 (2 St.). 49 (10 St., darunter ein barbarisches Gepräge). 51 (12 St. mit leichten Varietäten und mehr weniger barbarischem Gepräge; auf einem St. S). 67. 68 (2 St.). 74 (5 St.). 83 (2 St. eines mit Z). 88 (2 St.). 93 (2 St.). 99 (2 St.), 110. 111 (2 St. mit XII und ohne Zeichen, letzteres barbarisch). 113. 118 (3 St., eines mit X). 124 oder 125. 144 (2 St., eines mit A). 146, mit T. 153 (2 St.). 168 (2 St.). 209. 223 (4 St. mit 9 und ohne Zeichen), ein anderes mit Є. Bei den übrigen Münzen Legenden und Figuren der Rückseiten verschliffen.

29) V 36, V 45 (2 St.).

30) V 73 (8 St. mit S, T, S und Stern, P und Stern). 100 (2 St. mit S). 107 (4 St. mit P und Stern, S und Stern, T und Stern). 112 (3 St., eines mit P). 130 (2 St., eines mit S). 131 mit P und Stern. 133 mit Q. 138 mit VI (4 St.). 177 mit P und Stern. 181. 205, mit T. 212 (2 St., eines mit T). Die übrigen Stücke verschliffen.

31) V 4, mit SXXIR. 12, mit PXXT. — **32)** Verschliffen.

33) V 114, mit KA (Kyzicus A).

34) V 184, mit XXIQ. 211^{a}, mit Δ und XXI. 211^{c} mit S und XXI. 243, mit B u. XXI. 260 mit II (in Gallien geprägt). 269, mit R, Blitz, Є (zu Rom geprägt). 293, mit VXXT (Tarraco). 307, mit R, Blitz, B (Rom). 353, mit V und XXI (Siscia). 429. 431, mit R Stern A (Rom). 461. mit V Stern und TXXI. 506 verwischt. 559, mit R, Blitz, S. 575, verwischt. 642, mit S und XXI; ein zweites Stück mit XXI VI. 659 mit XXIV (Siscia). Die übrigen verschliffen.

35) V 26 (Variante) mit Γ und SMSXXI. 27, mit KA . . . 61, mit KAΔ. 83 mit KAЄ; eine Münze verschliffen.

36) V 45, mit KAZ . 64 mit KAЄ. 111 mit . . . . A. — 37) V 246 mit XX, Kranz, IA.

38) V 299 (2 St.) verwischt. — 39) V 112 mit B und SIS; das andere Stück verwischt.

40) V 82 mit A und SIS. — 41) VI 120 mit Kranz Γ und SIS. — 42) VI 82 mit B und SIS.

43) VI 474 mit RQ. — 44) Verwischt. — 45) VI 64 mit SMAQ . . . 72 verwischt, ebenso die übrigen Stücke.

Von modernen Münzen und Medaillen, welche gleichfalls bei den Aufgrabungen gefunden wurden, merkt das Protokoll eine schöne Bronzemedaille mit St. Franciscus und St. Wilhelm, ferner eine österr. Silbermünze v. J. 1565, eine nicht näher bezeichnete Silbermünze von 1639 und eine Silbermünze von K. Leopold, v. J. 1700, an. —

Bevor dieser Bestand im Einzelnen geprüft wird, ist die Frage zu entscheiden, ob die aufgeführten Münzen als ein Ganzes zusammen, als ein vergrabener Schatz zu betrachten, oder ob sie zufällig in den Erdboden gelangt seien. Dass ersteres nicht der Fall war, beweist vor allem die Verschiedenheit der Fundstellen, an denen die Münzen zu Tage kamen; sie wurden nicht an einer Stelle aufgegraben, sondern, wie im Laufe der Untersuchung angemerkt wurde, fanden sie sich durch mehrere von einander ziemlich entfernte Räume zerstreut, so im Raume 8 unter dem Estrich, in den Räumen 21—30, dann in 34 und 39, vorzüglich aber in grosser Zahl auf dem nun mauerfreien Boden zwischen der Seebacherstrasse und den Räumen 1—10. Hier, wo die besser ausgestatteten Wohnräume standen, wurden die meisten Münzen, mehr als die Hälfte, gefunden. Auch die Verschiedenheit der Sorten spricht gegen die Auffassung eines Schatzes; es fanden sich, wie noch gezeigt werden wird, Münzen der ältesten Kaiserzeit neben solchen der späteren Verfallzeit, in der jene lange nicht mehr circulierten, und überdies erstere in einer so geringen Anzahl, dass eine Sortentrennung des etwa angesammelten Geldes, wie sie in anderen Funden vorkommt, hier nicht denkbar ist.

Die Münzen müssen also zufällig in den Erdboden gelangt sein, sei es dass sie einzeln verstreut oder in grösseren Beträgen als der Inhalt von Beuteln, Taschen, Büchsen u. dgl. verloren wurden. Darum dürfen sie auch nicht als Repräsentanten des Courants einer bestimmten Epoche, sondern müssen als das mehrerer aufgefasst werden. Wir theilen sie zum Zwecke der Prüfung in drei durch Veränderungen im römischen Münzwesen selbst unterschiedene Gruppen [1].

Die erste und älteste bis auf den Schluss der Regierung des K. Alexander Severus herabreichend (im Verzeichnisse Post 1 bis 22 inclusive) spiegelt das Courant aus dem ersten Drittel des III. Jahrhunderts. Unter Septimius Severus war der Silberdenar auf nahezu 50 Percent Feingehalt herabgegangen. Damals verschwanden die älteren besseren Denare aus dem Verkehre mit Ausnahme derjenigen, welche durch eine vieljährige Circulation soviel von ihrem Gewichte verloren hatten, dass sie sich neben den schlechteren Denaren des Septimius Severus im Verkehre erhielten. Eben diese Erscheinung stellt sich in der älteren Gruppe dar. Von den 16 Denaren, die sie enthält, stammen 9 aus dem ersten Drittel des III. Jahrhunderts; die übrigen 7 aus dem I. und II. Jahrhundert sind, die jüngste durch einen Zwischenraum von mindestens 23 Jahren, die älteste durch einen solchen von mindestens 114 Jahren getrennt, d. h. sie waren zwischen 23 und 114 Jahren im Cours und hatten dadurch soviel an Gewicht verloren, dass sie

[1] Ueber die Darstellung dieser Veränderungen vgl. Th. Mommsen ‚Geschichte des römischen Münzwesens' an den betreffenden Stellen.

sich trotz ihres grösseren Feingehaltes mit den jüngeren Denaren mischen konnten.

Im Jahre 215 gab K. Caracalla das erste Billongeld aus, eine grössere Sorte von Creditgeld in Silber mit sehr starker Legierung, bekanntlich durch die Strahlenkrone an den Köpfen der Kaiser und den Halbmond an denen der Kaiserinnen kennbar. Er selbst sowie seine Nachfolger Macrinus und Elagabalus schlugen diese Billonmünzen in geringerer Anzahl, so dass nach dem Bestand der Funde ungefähr auf 20 Silber- 1 Billondenar entfällt. In der nächstfolgenden Zeit unter Alexander Severus und Maximinus Thrax wurde die Präge dieser Münzsorte gänzlich eingestellt; hingegen kehrten des Letzteren Nachfolger Balbinus, Pupienus, Gordianus u. s. w. wieder zum Billongelde zurück und schlugen fast nur Billon-, keine Silberdenare. Sofort verschwinden die werthvolleren Silberdenare aus dem Verkehre. Wenn also in der älteren Gruppe Billondenare der Zeit vor Alexander Severus nicht erscheinen, so kann dies nicht überraschen; nach dem Verhältniss, in welchem damals Silber- und Billondenare ausgegeben wurden, und da nur 16 der ersteren Gattung sich fanden, hat es nichts Befremdliches an sich, dass der Billondenar gänzlich fehlt. Bezeichnend aber ist es, dass überhaupt noch sechzehn Silberdenare in dieser Gruppe vorkommen, sie müssen, wenigstens der grossen Mehrzahl nach, in unser Gebäude gelangt sein, noch bevor in Folge der reichlichen Emission der Billondenare das Silbergeld aus dem Verkehre verschwunden war, d. h. vor der Regierung des K. Gordianus (238—244).

Schon vor Septimius Severus, unter K. Commodus, als die Sesterzenpräge stockte, begann man diese grossen Kupferstücke zu vergraben, weil nach der damaligen Beschaffenheit des Feingehaltes der Denare vier Sesterzstücke schon einen grösseren relativen Werth repräsentierten als ein Denar. Wenn nun nicht blos ältere Gross- und Mittelbronzen, sondern auch solche aus dem III. Jahrhundert sich in Windischgarsten fanden, so ist die Ursache davon gewiss in dem Vorgehen des K. Alexander Severus zu suchen, welcher dem im Credit gesunkenen Silberdenar dadurch aufzuhelfen suchte, dass er zwar etwas leichtere, aber sehr sorgfältig geprägte Sesterze (von $^5/_6$ statt einer Unze im Gewicht) in grossen Mengen ausgab.

Nothwendig musste diese Massregel das früher aus dem Verkehr gezogene oder vergrabene Grosskupfer wieder hervorlocken, zumal als die meisten dieser Stücke in Folge ihrer Circulation ohnehin an Gewicht verloren hatten. Dieses Symptom stimmt also gleichfalls vollkommen zur Zeit des K. Alexander Severus.

Endlich ist noch festzuhalten, dass alle diese Münzen vor 217 nicht in das aufgegrabene Gebäude gelangt sein können; das Itinerarium Antoninianum, welches die Eintheilung der Mansionen für die Epoche der K. Septimius Severus und Caracalla darstellt, nennt Ernolatia gar nicht, damals hat also in diesem Orte eine mansio nicht bestanden. Auch eine mutatio nicht. Denn nach der damaligen Eintheilung der Tagereisen und bei dem Umstande, dass eine mutatio regelmässig in der Hälfte des Weges zwischen zwei Nachtherbergestationen angelegt war, entfiel für die betreffende Strecke Gabromago—Tutatione die Wechselstelle nicht auf Windischgarsten (Ernolatia), sondern auf Spital am Pirn (Pirodunum?)[1]. Andererseits zeigt die ältere Gruppe noch Münzen von Alexander Severus und Erscheinungen, die nur in der Regierung dieses Kaisers erklärbar sind. Es müssen also die Münzen dieser Gruppe zwischen 217 und 235 in unsere mansio gelangt sein, was in dem grösseren Theile dieser Zeit mit Alexander's Regierung zusammentrifft (222—235), dem aus anderen Gründen die Erbauung der mansio schon oben zugeschrieben wurde; sie mögen theils beim Baue der mansio selbst, theils in der nächstfolgenden Zeit einzeln verloren und verstreut worden sein.

Die **zweite** jüngere Gruppe von Gallienus bis zur Münzreform Diocletians (für Silber zwischen 287 und 292, für Kupfer zwischen 296 und 301) reichend, zum Theile also noch Maximianus Herculeus einschliessend, erstreckt sich durch die Zeit von 27 Jahren (260 bis 287, Post 24—38 einschliesslich) und enthält den bei weitem grössten Theil der Fundmünzen, 309 Stücke, lauter sog. Weisskupferdenare, ohne Beimischung einer andern Sorte. Der Billondenar, wie gesagt, seit Gordianus in

---

[1] Vgl. den I. Theil dieser Untersuchung Sitzungsber. Bd. 71, S. 367 (13) und 379 (25).

grossen Mengen ausgebracht, war um das Jahr 256 auf 20 Percent, bald darauf auf 5 Percent Feingehalt herabgesunken und in der That nur mehr eine Kupfermünze, welche durch Weisssieden einen flüchtigen, leicht zerstörbaren Silberglanz erhielt. In dieser Zeit verschwand nun auch das werthhaftere Billongeld und das ebenfalls werthhaftere Grosskupfer der älteren Zeit aus dem Verkehre, so dass der Weisskupferdenar fast die einzige Sorte, die damals umlief, bildete. Er wurde unter Gallienus und Claudius II. in ungeheuren Massen ausgegeben, weshalb sich Aurelian, der erste, welcher die Reform des Münzwesens in die Hand nahm, gezwungen sah, ihn mit herabgesetzter Geltung beizubehalten; denn ihn aufzurufen und ganz einzuziehen, wäre bei der massenhaften Production desselben in der nächstvorausgehenden Zeit ein Opfer für den Staat gewesen, vor dem der Kaiser zurückschreckte. Daher blieben die Weisskupferdenare, wenn auch mit verminderter Geltung, im Verkehre, ja die Nachfolger prägten ähnliche Münzen wieder in grosser Menge, bis Diocletian durch Rückkehr zu werthhaftem Silbergelde und durch Ausgabe neuer Kupfersorten die Wirren des Münzwesens schloss. Bei diesem Anlasse wurde der Weisskupferdenar seinem wirklichen Werthe entsprechend als eines der niedersten Nominale ins neue Kupfergeld aufgenommen, der Name denarius bezeichnet nunmehr eine der untersten Kupfermünzen.

Diesen Verhältnissen entspricht es nun zwar vollkommen, dass mehr als drei Viertel aller Fundmünzen auf das Decennium des tiefsten Verfalles, der massenhaften Ausgabe von Weisskupferdenaren (260 – 270) entfallen. Allein bei der vieljährigen Geltung dieser Münzen als Creditgeld vor — und als Scheidemünze nach Diocletian lässt sich nicht behaupten, dass sie alle zur Zeit der betreffenden Kaiser, also zwischen 260 und 270, in den Boden unserer Ausgrabungen gelangt seien. Bei dem grösseren Theile mag dies der Fall sein, bei einem beträchtlichen Theile aber sicher nicht. Denn es fanden sich sechzig Stücke unter ihnen, welche nach sorgfältiger Reinigung von erdigen Ansätzen ein so verschliffenes Gepräge zeigten, dass sie nach einzelnen Kaisern nicht mehr, sondern nur nach Epochen bestimmbar waren. Sie müssen also, bevor sie in den Erdboden gelangten, durch eine lange Zeit circuliert haben.

So schlecht sie in technischer Beziehung auch hergestellt waren, lässt sich doch nicht denken, dass schon eine zehn-, selbst eine zwanzigjährige Circulation sie in diesen Zustand gebracht hätte; es ist daher sehr wahrscheinlich, dass sie noch über die Zeit Diocletian's hinaus im Verkehre waren. Ein zweiter Grund, welcher ebendafür spricht, ist die auffallend geringe Zahl, in der die Münzen des IV. Jahrhunderts im Funde vertreten sind. Obwol sie mindestens bis Valens († 378) hinabreichen, sind nur 16 Stücke aus diesem Jahrhundert vorhanden, von denen 6 dem Anfange desselben angehören und 3 unbestimmbar sind. Um so auffallender ist dies, als sonst gerade in den Funden unserer Länder die Münzen aus Constantin's des Grossen und seiner Söhne Zeit sich sehr zahlreich zeigen. Es wird daraus geschlossen werden müssen, dass jene 60 unbestimmten Weisskupferdenare (aus der Epoche von 260 bis 270) also beinahe ein Viertel der gesammten Zahl der letzteren als niedriges Scheidegeld bis tief hinein in das IV. Jahrhundert vielleicht noch länger umgelaufen und erst sehr spät in dem aufgegrabenen Gebäude verloren worden seien, wonach die Zahl der aufs IV. Jahrhundert entfallenden Münzen sich auf 70 bis 80 stellen würde.

Da diese eben besprochenen Münzen die dritte Gruppe in unserem Funde ausmachen, sind nur noch zwei merkwürdige Erscheinungen an den Münzen von Windischgarsten zu betrachten, welche das Verhältniss ihrer Anzahl innerhalb einer jeden Gruppe darbietet; die erste über Alexanders Regierung, 13 Jahre (222—235), ausgedehnt zeigt mit Einschluss der einen unbestimmbaren Grossbronze 51 Stücke; die zweite aus mindestens 27 Jahren (260—287) 249, die dritte aus 91 Jahren (287—378) 76 Stücke. Ueberdies sind die erste und zweite Gruppe durch einen Zwischenraum von 25 Jahren getrennt (235—260), aus welchem nur der eine Billondenar von Gordianus zu Tage gekommen ist.

Bei der Vergleichung dieser Zahlen ist der schon nachgewiesene Umstand festzuhalten, dass die Münzen nicht Bestandtheile eines Schatzes, sondern dass sie zufällig in die Erde gelangt sind, sei es durch Unvorsichtigkeit des Besitzenden, oder durch Ereignisse, welche jede Vorsicht fruchtlos machten. Das erstere wird im Durchschnitt so ziemlich zu allen Zeiten gleichmässig der Fall gewesen sein. Einzelne Geldstücke verstreuen oder verlieren und nicht wiederfinden, das kommt zu allen Zeiten vor und ist ein so zufälliges und unwichtiges Vorkommniss, dass es für das Ergebniss dieser Untersuchung gar nicht in Berechnung kommen kann. Das andere wird aber wichtig, wenn die mitwirkenden Ereignisse von Bedeutung und der dabei verlorene Betrag von einer Grösse ist, welche schliessen lässt, dass man auf seine Bewahrung eine gewisse Sorgfalt verwendet haben werde.

Von diesem Gesichtspunkte aus kann es nicht auffallen, dass die erste Gruppe aus verhältnissmässig kurzer Zeit 51 Münzen enthält, zumal wenn man die Bauzeit, den lebhaften Verkehr in der friedlichen Epoche des K. Alexander und noch den Umstand in Anschlag bringt, dass der weitaus grössere Theil aus Kupferscheidemünze (34 St.) besteht. Auch bei der dritten Gruppe ist die Anzahl zwar auffallend, aber nicht unerklärlich; man muss zu den 16 im IV. Jahrhundert geprägten mindestens die 60 verschliffenen Weisskupferdenare rechnen und in Anschlag bringen, dass die Regsamkeit des Lebens in unserer mansio damals nachgelassen, zeitweilig vielleicht ganz gestockt habe; es liegt dies zum Theile in den Verhältnissen der Zeit, in der allgemeinen Abnahme der Wohlhabenheit und Sicherheit und in dem grösseren Werthe, den das Geld hatte, begründet.

Anders aber verhält es sich mit den beiden arg contrastirenden Zeiträumen, welche zwischen der ersten und der dritten Gruppe liegen. Dass aus der einen 25 Jahre umfassenden nur eine, aus der andern 27 Jahre umfassenden Epoche dagegen nach Abrechnung der verschliffenen Weisskupferdenare 249 Münzen gefunden wurden, das muss einen tieferen Grund haben. Zur Aufklärung reicht es nicht aus, auf die grosse Menge des in der letzteren Zeit circulierenden Geldes und dessen geringen reellen Werth hinzuweisen. Diese Momente mögen zu der in Frage stehenden Erscheinung beigetragen haben; man wird daraus namentlich Posten wie die, in welcher K. Probus erscheint, der soviel Geld schlug, erklären können; aber für eine befriedigende Erklärung der Posten von Gallienus und Claudius II. genügen diese Momente nicht. Nicht um den Reichthum einer Prägeepoche an sich handelt es sich hier, wie etwa bei der Beurtheilung eines aufgefundenen Schatzes, sondern um den Anlass, aus welchem eine so grosse Zahl von Münzen in einzelnen Stücken und in kleineren oder grösseren Beträgen verstreut werden konnte. Auch um den reellen Werth der Münzen kann es sich nicht handeln, denn der Weisskupferdenar hatte einen officiellen Mehrwerth, zu welchem er im Verkehre angenommen werden musste; anderseits hatte man, weil das Gold ungemein selten geworden war, und andere Münzsorten längst aus dem Verkehre geschwunden waren und nur in verschwindender Zahl neugeprägt wurden, kein anderes als das Weisskupfergeld für den gewöhnlichen Verkehr. Man wird das Geld damals also ebensogut in Acht genommen haben, als zu anderen Zeiten. Es war ja auch die Epoche des Billongeldes (237—260) an Münzen sehr reich und doch hat sich von ihr nur ein Stück gefunden.

Vielmehr wird man voraussetzen müssen, dass der Anlass soviel Geld zu verstreuen und zu verlieren in einem plötzlich eintretenden Ereignisse bestanden habe, welches die Bewohner der mansio zur Flüchtung zwang und durch die dabei herrschende Hast und Verwirrung der Anlass wurde, dass mehrere grössere Geldbeträge in Verlust geriethen. Ein solches Ereigniss kann nur ein feindlicher Ueberfall gewesen sein, von welchem das Grenzland plötzlich heimgesucht wurde und bei dem es den Feinden darum zu thun war, über den Pirn nach dem binnenländischen Noricum und nach Italien zu gelangen.

Auch nachdem dies Ereigniss eingetreten war, bestand die mansio fort, es finden sich auch von späteren Kaisern Münzen, wenngleich ihre Zahl rasch abfällt.

Noch schwieriger scheint die Erklärung der Lücke zu sein, welche in der Münzreihe vom Jahre 235 bis 260 besteht. Sie würde sich sehr wol verstehen lassen, wenn wenigstens die zweite Gruppe als der Theil eines Schatzes aufgefasst werden könnte. Man würde dann voraussetzen können, dass derjenige, der den Schatz bildete, die einzelnen Sorten in zwei Behältern getrennt verborgen habe, in dem einen die Billondenare, im andern die Weisskupferdenare, und dass entweder er selbst bei einer Flüchtung nur den Behälter mit den werthvolleren Münzen mit sich genommen, den andern aber preisgegeben habe oder dass der erstere etwa von den einfallenden Feinden aufgefunden und sich zugeeignet worden sei. Allein die Verschiedenheit der Fundstellen spricht, wie schon bemerkt, gegen die Voraussetzung, dass hier ein Schatz vorliege. Ebensowenig lassen sich zwei andere Voraussetzungen halten, die aufgestellt werden könnten, die eine, dass unsere mansio in der Zeit der Billondenare nicht in Verwendung gestanden habe, sondern aufgelassen oder geschlossen gewesen sei; die andere, dass eben in dieser Zeit keine Münzen verstreut worden seien. Für die erstere lässt sich keinerlei Anzeichen und Beleg, weder in den Ruinen des Gebäudes noch in der Geschichte auffinden. Unter Gordianus und seinen Nachfolgern bis herab auf Aurelian wissen wir von keinem Einfalle der Germanen, der eine solche Ausdehnung gehabt hätte, dass Noricum selbst gefährdet gewesen wäre. Ebensowenig wahrscheinlich ist es, dass man damals eine neue Eintheilung der Stationen der Reichspost vorgenommen habe, nachdem erst vor Kurzem unter Alexander Severus eine solche, den Bedürfnissen der Reisenden vollkommen Rechnung tragende Umgestaltung ins Werk gesetzt worden war. Es ist also, da weder Feindesgefahr, noch eine Postreform bestand, nicht abzusehen, warum die mansio in jener Zeit hätte geschlossen gewesen sein sollen. Noch unnatürlicher wäre die andere Voraussetzung, dass zwar die mansio in Verwendung gestanden habe, aber keine Münzen verstreut und verloren worden seien; ich wüsste wenigstens keinen Grund anzugeben, weshalb gerade in dieser Epoche der Zufall gnädiger oder die Menschen hätten sorgfältiger und vorsichtiger sein sollen.

Auch lässt sich die Erscheinung auf natürlichem Wege erklären; ihr Grund ist schon oben angedeutet worden. Als man nach der ersten Zerstörung des Gebäudes zur Wiederherstellung schritt, hat man sicher, wie eilfertig die letztere auch vorgenommen worden sein mag, den vorhandenen Schutt nach werthvollen und brauchbaren Geräthen und Geldstücken durchsucht und die Billondenare, die in der Zeit zwischen Gordianus und Gallienus einzeln verstreut worden sind, ausgeforscht und aufgehoben. Dies um so mehr, als Zerstörung und Wiederherstellung der mansio in der Zeit der Herrschaft des Weisskupferdenars stattfanden und damals der Billondenar eine werthvolle Münze darstellte, auch zumeist aus eben diesem Grunde aus dem Verkehre gezogen und vergraben worden war. Es mögen dabei auch Silberdenare älterer Zeit in die Hände der Nachforschenden gelangt und aufgelesen worden sein, so dass es nur ein Zufall ist, wenn damals von letzteren 16 Stücke, von Billondenaren ein Stück den Suchenden entgieng, und erst in Folge der neueren Aufgrabungen zu Tage kamen.

Die Ergebnisse, zu denen die Untersuchung der Fundmünzen von Windischgarsten führte, bestehen also, um sie kurz zusammenzufassen, in Folgendem. Jene der ältesten Gruppe deuten nach ihrer Sortenmischung auf das Courant, wie es in der Zeit des K. Alexander Severus bestand, und bestätigen, eben weil sie die ältesten Münzen in der mansio von Ernolatia sind, dass deren Erbauung in die Epoche dieses Kaisers falle. Die zweite Gruppe weist nach der Zahl der einzelnen Posten und, da an einen Schatz nicht zu denken ist, auf ein Ereigniss, welches in der zweiten Hälfte des III. Jahrhunderts in unserer mansio eine Flüchtung der Einwohner und den Verlust einer beträchtlichen Menge von Münzen in grösseren Beträgen veranlasste. Es liegt auf der Hand, dass mit diesem Ereigniss die erste Zerstörung der mansio zusammenhängt. Bei deren Wiedererbauung wurde das werthhaftere in früherer Zeit verstreute Geld sorgfältig aufgelesen, weshalb sowol der Silberdenar in der ersten Gruppe, als auch der Billondenar der nächstfolgenden 25 Jahre so spärlich vertreten sind. Im IV. Jahrhundert endlich bestand die mansio mindestens noch bis 378 fort, doch lässt sich aus der Abnahme der Zahl der Münzen in der dritten Gruppe schliessen, dass in dieser Zeit die Lebhaftigkeit des Verkehres, wenigstens in Ernolatia und im Vergleich zur früheren Zeit bedeutend abgenommen habe.

Zu den redenden Denkmälern gehören ferner die Bruchstücke von **Ziegeln** und **Gefässen**, welche Stämpel und eingeritzte Schriftzeichen tragen.

Die **Ziegelstämpel** beziehen sich nur auf Truppenkörper, nicht auf Privatfirmen; sie theilen sich nach ersteren und bezeichnender Weise zugleich nach den Fundstellen in zwei Reihen.

Unter den Stämpeln der einen Reihe mögen jene voranstehen, welche in den an die k. Akademie der Wissenschaften eingesendeten Photographien abgebildet sind, nemlich:

1) NMRI Der letzte senkrechte Strich nicht vollkommen deutlich. Taf. II, 1.

2) NMR Der letzte Buchstabe auf einem Bruchstücke nicht vollkommen deutlich, da er über eingerissene Kreislinien aufgedrückt ist.

3) NAM} Taf. II, 2. gebrochen, der zweite Buchstabe verkehrt.

4) NVMR Taf. II, 3. Fragment eines Leistenziegels. Der nach abwärts gekrümmte Querstrich des E ist möglicherweise zufällig entstanden durch eine Erhabenheit im Thone des Ziegels. Die Photographie des Stämpels giebt keine alle Zweifel beseitigende Vorstellung des am Rande nicht vollkommen deutlichen Stämpels. Dass ein E vermeint sei, geht wol aus der Analogie mit dem folgenden Stämpel hervor.

5) NM-ER jetzt im k. k. Antiken-Cabinet; erhabene ziemlich gute Lettern, 8 Linien hoch. Zwischen M und der Ligatur ist der Grund, auf dem die Buchstaben erscheinen, vielleicht beim Abkratzen des anhaftenden Erdreichs oder durch alte Beschädigung geritzt und zwar in schräger Richtung, so dass es auf den ersten Anblick den Anschein gewährt, als stünde zwischen beiden ein sie verbindender Schrägstrich und als wären nicht blos ER, sondern AER oder RAE in der Ligatur enthalten. Allein bei sehr genauer Prüfung im besten Lichte erkennt man, dass hier ein Spiel des Zufalls vorwalte; namentlich ist der Zwischenraum zwischen M und der Ligatur zu klein, als dass ein ursprünglich beabsichtigter Schrägstrich hier Platz hätte.

Hiezu erwähnt Gaisberger zwei vereinzelt auftretende, auch im Protokolle erwähnte Bruchstücke mit:

6) NMB und einen Flachziegel mit:

7) ALA} Lettern 10 Linien hoch. Taf. II, Fig. 4.

Die andern Ziegelstämpel dieser Reihe liest Gaisberger alle wie 5); sie scheinen ziemlich häufig vorgekommen zu sein.

Die Fundstellen sind nach Aussage des Protokolls für Stümpel 4 die Räume 2, 5, 39; für Stümpel 3, 6, 7 der Raum 40. Andere Angaben fehlen; doch reichen die gegebenen zur Schlussfolgerung hin, dass die Ziegel dieser Reihe sowol in jenem Tracte verwendet wurden, welcher der ersten Zerstörung durch Feuer anheimfiel, als auch in jenem, der ebendamals verschont blieb, dass sie also nicht erst beim Wiederaufbau des ersteren, sondern schon beim ursprünglichen Baue beider Tracte als Materiale benützt wurden.

Die Stümpel 1 bis 6 haben alle im ersten Theile gleiche Lettern, entweder NM oder NVM. Es ist wol kein Zweifel, dass damit das Wort numerus angedeutet sei. Dies bezeichnet ursprünglich das Verzeichniss, in welchem die Namen der Soldaten eingeschrieben waren, in übertragener Bedeutung den Soldatenstand als solchen. Als technischer Ausdruck wird er für Unterabtheilungen von Cohorten, zunächst der Hilfsvölker, schon im I. Jahrhundert angewendet. Doch ist weder die Zahl der Soldaten, welche einen numerus ausmachten, noch das Verhältniss zur Cohorte bestimmbar; vielleicht bestanden dafür gar keine Vorschriften, sondern es mag dem Obercommandierenden einer Provinz frei gestanden haben, grössere oder kleinere Abtheilungen der Cohorten, die zu seinem Oberbefehl gehörten, je nach den Forderungen der Nothwendigkeit, an verschiedene Punkte seiner Provinz zu dislocieren, sei es zur Bewachung von Grenzstrichen oder von Strassenzügen oder wo sonst ein Ort strategische Wichtigkeit hatte.

Inschriftlich finden sich einzelne Beispiele aus dem II., noch mehr aus dem III. Jahrhundert. Wahrscheinlich war die häufige Bedrohung der Grenzländer am Beginne der Völkerwanderung die Ursache, dass im Laufe des III. Jahrhunderts derartige Dislocierungen auch im Innern der Grenzprovinzen öfter verfügt wurden. Wenigstens gewinnt der Ausdruck numerus allmählich immer mehr Geltung und wird schliesslich die geläufige Bezeichnung für das ältere Wort cohors.

Einzelne epigraphische Beispiele belehren uns über den Bau des Titels dieser Abtheilungen. Zu dem Worte numerus tritt auf Inschriften stets eine nähere Bezeichnung der Truppengattung, aus der er besteht, sei es nach der Art der Verwendung der Soldaten (numerus militum frumentariorum) oder

der Bekleidung (numerus militum caligatorum, aus Diocletian's Zeit)[1] oder endlich und in den zahlreicheren Fällen nach der Nationalität. Diese wird entweder mit einem, dem Volksnamen bezeichnet (numerus Brittonum[2], numerus Caddarensium vom Jahre 225[3]), oder mit zweien, indem zum Volksnamen noch ein Gau- oder Stadtname hinzutritt (numerus Brittonum Nomaningensium[4], numerus Brittonum Triputensium[5], numerus Dalmatarum Divitensium[6]) oder endlich es wird die Art der Verwendung mit einem Volks- oder Gaunamen verbunden (numerus exploratorum Bremenensium[7], numerus exploratorum Divitensium Antoninianorum[8], numerus Syrorum sagittariorum)[9].

Aus diesen Beispielen geht hervor, dass das Wort militum in den Titel nur dann aufgenommen wird, wenn der Zusatz adjectivisch gebraucht ist (m. frumentariorum, caligatorum), dagegen wegfällt, wenn Substantiva im Beisatze vorkommen (exploratorum oder Stammnamen wie Brittonum, Dalmatarum, Syrorum).

Es ist nun zunächst zu sehen, ob in unseren Stämpeln ein erklärender Zusatz angedeutet sei und dieser ein Substantivum oder Adjectivum enthalte. Bei den Stämpeln 4 und 5 findet sich zum Schlusse eine Ligatur, welche Gaisberger mit RE aufgelöst und auf Retorum statt Raetorum gedeutet hat, wonach ein numerus rätischer Soldaten den Bau geführt hätte. Allein es liegt keinerlei Anlass vor, der die an sich wenig wahrscheinliche Schreibung Re- für Rae- vorauszusetzen zwingen würde. Die Ligatur kann eben so gut mit ER aufgelöst werden und findet genügende Erklärung als die Abkürzung der zweiten Sylbe des Wortes numerus. Es spricht dafür auch der Stämpel 1, der RI am Ende zeigt; wenngleich das I undeutlich ist, lässt es sich doch aus der Anwendung des Ge-

---

1 Orelli-Henzen 3540.

2 A. a. O. 5781 aus Neuwied.

3 A. a. O. 5271.

4 v. Hefner. Röm. Bayern S. 30. Aschaffenburg.

5 A. a. O. S. 90.

6 Orelli-Henzen 3410.

7 A. a. O. 206. Richester.

8 A. a. O. 6730. Mainz.

9 C. J. L. II. 1180.

nitivs sehr wol erklären, der Stämpel würde dann NuMeRI „numeri" zu lesen sein. An Analogien fehlt es nicht. So besitzt das k. k. Antiken-Cabinet mehrere Ziegel, auf denen eine Cohorte gleichfalls im Genitiv und ohne erklärenden Zusatz genannt ist; die Stämpel sind: COHRTS, COHRTIS[1], CHORTIS. Demnach werden wol die Stämpel 1—5 mit NuMeRI, NuMeRi, NVM(eri), NVMERi, NuMERi aufzulösen sein.

Anders ist es mit Stämpel 6; hier begegnet in der Ligatur ein Zeichen, welches aus dem Worte numerus nicht erklärt werden kann, nämlich ein mit M verbundenes B, das Gaisberger auf zwei Ziegeln vorfand. In demselben ist nun mit Grund die Abkürzung eines zweites Wortes, das mit B anhebt und den erklärenden Zusatz enthält, zu vermuthen. Gaisberger ergänzt es mit Recht durch Brittonum. Die cohors I Aelia Brittonum ist gerade aus einem norischen Inschriftstein und aus einer Zeit, welche der Errichtung der mansio sehr nahe kommt, erwiesen als Besatzung der Provinz[2]. Es lässt sich also mit Grund voraussetzen, dass eine Abtheilung dieser Cohorte in Ernolatia lag, eben zur Zeit, als die mansio erbaut wurde. Dagegen darf das zweite Zeichen des Stämpels 6 M nicht mit militum aufgelöst werden, da, wie kurz vorher bemerkt, dieses Wort in den Titel der numeri nicht aufgenommen ward, wenn der Volksname beigesetzt war. Es ist also der Stämpel 6: NuMeri Brittonum zu lesen. Sehr wahrscheinlich ist auch bei den andern Stämpeln 1—5 der Zusatz Brittonum zu verstehen, wenn er gleich nicht dargestellt ist.

Wenn der vereinzelte Ziegel mit dem Stämpel ALA . . . nicht zufällig mit anderm Baumateriale hingebracht wurde, so kann er als Beweis gelten, dass auch eine Reiterabtheilung in Ernolatia stationiert war, wahrscheinlich war es dann eine thracische; in Salzburg (Juvarum)[3] begegnet inschriftlich die ala I Thracum, in Hohenstein (Kärnthen, binnenländisches Noricum) die ala I Augusta Thracum,[4] auch im Brantelhofer Steine

---

[1] Gef. am Hohen Markte in Wien.

[2] Jahr 238. Der Stein in Brantelhof in Steiermark. Eichhorn II. 80.

[3] v. Hefner in den Denkschr. der k. Akad. d. W. I. nr. 13.

[4] v. Jabornegg, Kärnthens Römische Alterthümer S. 97.

erscheint sie [1], in Leibnitz ist die ala III Thracum [2] bezeugt und ein nahe bei Zollfeld gefundener Stein (v. St. Michael) nennt einen decurio cohortis Thracum [3]. Es waren also im norischen Gebiete thracische Hilfstruppen, sowol Reiterei als Fussvolk an mehreren Orten vertheilt, so dass sich recht wol annehmen lässt, auch in Ernolatia habe eine Abtheilung derselben gestanden. Es ist nicht nöthig, besonders darauf aufmerksam zu machen, dass in letzterem Orte die römische Besatzung, ebenso wie die aus der Nähe von Brantelhof inschriftlich bezeugte, aus Theilen der cohors I Aelia Brittonum und der ala I Thracum combiniert war; beide Nationalitäten passten sehr gut zu dem rauhen Gebirgslande, in dem Ernolatia lag.

Ausser den Stämpeln zeigen die Ziegel dieser Reihe Kreis- und Wellenlinien oder verschobene Netzlinien [4], die mit einem nicht sehr scharfen Instrumente in den feuchten Thon eingerissen wurden und dazu dienten, auf der ebenen Fläche Vertiefungen herzustellen, in welche der Mörtel eindringen konnte; dadurch wurde eine innigere Verbindung der Bausteine erzielt. Ausserdem finden sich eingeritzte Schriftzeichen in Cursivschrift, deren Lesung überaus schwierig ist wegen des flüchtigen Charakters und der bei eilfertigen Handschriften stets vorkommenden zahllosen Varietäten der einzelnen Buchstabenformen und wegen ihrer Zusammenziehungen. Was bei einzelnen dieser Inschriften die Lesung vielleicht ganz unmöglich machen wird, ist der Umstand, dass sie sich auf fragmentirten Ziegeln finden und nicht eine derartige Inschrift ganz erhalten ist, sondern nur in einzelnen Bestandtheilen. Sie sind auf Tafel II dargestellt. Sie enthielten wahrscheinlich Notizen über geleistete Arbeiten einzelner damit beschäftigter Soldaten oder über Bestellungen. Man nimmt Personennamen, Zahlzeichen und Zeitangaben wahr; so: „Optimus" (Taf. II, 5), „M Ant" . . (?) (Taf. II, 6), (Ce)ler (?) (Taf. II, 7), dann „idi(bus)"? (Taf. II, 8), „Cn . ." (Taf. II,

[1] Steiner 3957.

[2] Steiner 2964.

[3] Orelli-Henzen 3873. v. Jabornegg, S. 29.

[4] Sie gaben ein ähnliches Ansehen wie ein Damenbrett, 11 Felder auf der langen, 10 auf der breiten Seite. Das k. k. Antiken-Cabinet verwahrt mehrere also durchfurchte Wärmeleiter.

9), auf dem einen Bruchstück ist das unten stehende Zeichen (Taf. II, 10) vielleicht eine aus l und v combinierte Zahl (55), auf einem andern steht *l IIII?* (54) (Fig. 9). Die Figuren 11 bis 14 auf Taf. II zeigen noch andere Proben solcher eingeritzter Schriften. Die Entzifferung derselben mag denjenigen überlassen bleiben, welche darin eine grössere Uebung haben als ich; es sei nur noch bemerkt, dass einzelne Zeichen eine klare und sichere Handschrift verrathen.

Die andere Reihe der Ziegel zeigt den Stämpel der legio II Italica, der sehr zahlreich vorkam und Varietäten nur in den Buchstabenformen, sowie in deren Darstellung je aus erhabenen oder vertieften Modeln aufweist.

Die eine Art des Stämpels enthält die Aufschrift LEG II ITA in erhaben ausgedruckten Lettern. Zwei Bruchstücke mit diesem Stämpel gelangten in das k. k. Antiken-Cabinet als Geschenk des Herrn Dr. Kaltenbrunner, ein drittes Bruchstück zeigt in schmalen ebenfalls erhaben ausgedruckten 5 Linien hohen Lettern das Wort LEG, gehört also sicher auch in diese Reihe. Der äusseren Ausstattung und dem Charakter der Schrift nach zu urtheilen, stammen diese Ziegel aus einer recht späten Zeit. Die andere Art zeigt denselben Stämpel in schmalen vertieft eingedruckten 5‴ hohen Buchstaben und zwar entweder LEG $\overline{II}$ ITA oder LIIC$\overline{II}$ ITA (Taf. II, 15), letzterer weitaus an Zahl überwiegend. Bei einzelnen Stämpeln dieser Art ist der Charakter der Buchstaben so roh und ausdruckslos, namentlich des C T und A, dass sie eher einer Reihe verticaler Striche als Uncialbuchstaben gleichen. Die Form II für E ist aus verschiedenen Zeiten nachweisbar, war aber zumeist von Leuten niederen Standes gebraucht; für eine Periode tiefen Verfalles spricht an den genannten Ziegeln deren äussere grobe Ausstattung, sie zeigt überdies eine grosse Eilfertigkeit der Arbeit an. Was die Fundstellen betrifft, so kamen die Bruchstücke mit den Stämpeln beider Arten nach den Angaben des Protokolles nur in Räumen (2, 5) des östlichen, beim ersten Brande zerstörten Tractes vor; in dem nördlichen Tracte zeigten sie sich nicht.

Die legio II Italica, von M. Aurel um das Jahr 173 zum Schutze von Noricum während des Marcomannenkrieges errichtet,[1] hatte in Laureacum ihr Hauptquartier; einzelne Abtheilungen waren in verschiedenen Castellen von Noricum, sowol diesseits als jenseits des Gebirges aufgestellt.[2]

Mit einander verglichen verrathen die Ziegel beider Reihen sehr ungleiche Entstehungsepochen, die einen in Buchstabenform und Herstellung eine verhältnissmässig gute Zeit, die andern in beiden Hinsichten den ausgesprochenen Verfall; jene finden sich in beiden Tracten als Baumateriale, sind also wol beim ursprünglichen Bau des Gebäudes schon in Anwendung gekommen, diese hingegen nur bei jenem Tracte, welcher bei dem ersten Brande zerstört worden war, also bei dessen Wiederherstellung. Zur Zeit als das Gebäude errichtet wurde, d. h. unter Alexander Severus war also eine Abtheilung des numerus Brittonum und vielleicht der ala I Thracum in Ernolatia dislociert und die Soldaten derselben die Erbauer der mansio. Nach der Zerstörung findet sich eine Abtheilung der legio II Italica auf diesem Posten, ihr war die Wiederherstellung des Gebäudes anbefohlen; es muss beides, die Zerstörung und die Wiederherstellung, in einer Zeit tiefen Verfalles und mit einer gewissen Hast vor sich gegangen sein.

Die Gefässe mit Stämpeln und eingeritzten Schriftzeichen sind alle von terra sigillata und alle auf kleine Scherben zerbrochen, welche in der älteren Culturschicht lagen; jene Gefässe standen also vor dem ersten Brande im Gebrauche. Die Töpferstämpel, die in schmalen Cartouchen angebracht und mit kleinen Lettern ausgedruckt waren, sind: DECIVS, der erste Buchstabe ist jedoch nicht ganz sicher, da er nicht mehr vollkommen deutlich erhalten ist; ferner ꓘVPV Lupus. Auf der Aussenseite eines Deckels, der fast ganz erhalten blieb, findet sich der Stämpel IVLIMAN (Gaisberger [S. 53] liest Julii manu), auf der inneren Bodenfläche eines glänzend rothen Gefässes der Stämpel RIISTVTVS, dann auf dem Fragment einer mit Satyrfiguren geschmückten Schale der Rest eines Namens . . . S mit dem Beisatze ꓭECI, worin der erste Buchstabe gestürzt ist, endlich kommt auf einer einfachen Thonlampe die häufige Fabriksmarke FORTIS in sehr

[1] Ber. u. Mitth. d. Wiener Alterthumsver., XI S. 62.
[2] Knabl, Mitth. d. hist. Ver. f. Steierm. XIV. 79 f.

scharf ausgedruckten erhabenen Buchstaben vor; sie wurde im Raume 16 des Frauenbades gefunden.

Die eingeritzten Schriftzeichen sind nicht Buchstaben der Cursiv-, sondern der Lapidarschrift, was daraus sehr wol erklärt werden kann, dass sie nicht in den noch feuchten Thon, wie bei den Ziegeln, also auch nicht während der Fabrication, sondern lange nach derselben in den harten und spröde gewordenen Stoff eingegraben wurden; in diesen konnte der Schreibende nicht in einem Zuge die Zeichen darstellen, sondern musste öfter ritzen und dabei absetzen. Dazu eignet sich die Cursivschrift mit dem fliessenden Zuge und den vielen abgerundeten Zeichen nicht, wol aber die aus geraden Linien zusammengesetzten Buchstaben der Lapidarschrift.

Die eingeritzten Zeichen sind entweder vollausgeschriebene Personennamen, wie I(ul?) REstVTVS (Taf. III, 1) auf der Innenseite des schon oben genannten Deckels, oder Reste von solchen, wie FIRMus (Taf. III, 2), prIMus (?) (Taf. III, 3) CK . N . . . (Taf. III, 4) oder Monogramme, deren Auflösung kaum möglich sein dürfte (Taf. III, 5, 6), oder endlich einzelne Buchstaben, wie A, X, III Der Zweck dieser Namen und Zeichen bestand wol darin, von mehreren gleichen oder sehr ähnlichen Schalen oder Tellern die für den Gebrauch eines Einzelnen bestimmten kenntlich zu machen, um einer Verwechslung vorzubeugen. Die Buchstaben zeigen grosse regelmässige Linien; von ihren Formen ist nur eine zu bemerken; es erscheint nämlich in dem abgekürzten Namen Cl . N . . . das l in derselben Weise wie im Töpferstämpel lupu . . ., es sind also die Namen ziemlich in derselben Zeit eingeritzt worden, in welcher die Schalen hergestellt wurden, wenigstens wird der Zeitunterschied zwischen beiden kein zu grosser gewesen sein.

Die Vorstellungen im Relief sind die gewöhnlichen, alle aber nur mehr in sehr kleinen Fragmenten erhalten, so dass es oft recht schwierig ist, die Bedeutung der Figuren zu erkennen. Amor, mit Apfel und Fackel schwebend, und Gladiatoren kommen am häufigsten vor, letztere reihenweise angeordnet oder mit Thierfiguren aus der Arena abwechselnd, bald frei, bald von sich schneidenden Kreislinien wie mit Bögen eingefasst. Ausserdem findet sich Venus, auf einem andern

Bruchstück der untere Theil eines Pan, wieder auf einem andern Aesculap (?). Die Thierfiguren wie der über Weinranken schwebende Vogel (Taube?) haben theils auf Götter Bezug, theils und zumeist auf die Jagd, wie laufende Hasen und Hirsche, und auf die Thierhetze im Circus, wie der springende Tiger, der Löwe, welcher mehrmals erscheint, das Pferd, der Bär, letzterer selbst zu mehreren über und neben einander angeordnet; auf einem von Gaisberger auch in Abbildung (Taf. II, 16) beigebrachten Fragmente erscheint oben ein lediges dahin rennendes Pferd, darunter ein fliehender Bär, hinter diesem wird der Kopf eines Löwen sichtbar. Hier sind die Figuren $2^1/_2$ Zoll lang und $^3/_4$—$1^1/_4$ Zoll hoch. Unter den Ornamenten begegnet am häufigsten der Eierstab und die Weinranke mit Blättern und Träubchen. Die meisten Figuren sind aus augenscheinlich schon vielfach benützten Modeln gepresst, daher häufig etwas stumpf und überdies stellenweise verwetzt. Die Arbeit ist die bekannte flüchtige und etwas derbe; doch ist die Lebendigkeit des Ausdrucks und die gewandte, mit wenigen Linien scharf charakterisierende Modellierung noch immer ein Zeichen, dass zu jener Zeit die Erbschaft früherer Kunstepochen noch nicht verloren war.

Sehr deutlich hebt sich von dieser Art von Gefässen eine andere ab, welche auch nur in Bruchstücken, aber weniger zahlreich vorkam. Sie sind auf der Scheibe gedreht und am geschlossenen Feuer gebrannt, die Farbe des Thones ist aschgrau. Sie tragen keinerlei Darstellungen, nur spärliche Verzierungen primitiver Art finden sich friesartig unter der Mündung angebracht, z. B. ein offenbar nur mit einem Hölzchen in den noch feuchten Thon seicht gezogenes Wellenband (Taf. III, 7), oder eine Zickzacklinie, die unterhalb von fünf parallellaufenden Linien begleitet ist, welche letztere, aus vertieften Punkten bestehend, sich wie Schnüre ansehen (Taf. III, 8). Ein anderes Fragment zeigt, theils an dem um die Mündung herumlaufenden Wulste, theils unter diesem auf der Wandung des Gefässes selbst eingedrückt eine Bordüre von vertieften Keilen (Taf. III, 9), wieder ein anderes zwei Parallelreihen von Strichen.

Die Art der Zurichtung, sowie die Einfachheit und Dürftigkeit in der Ornamentation lassen es als unzweifelhaft erscheinen, dass die Gefässe dieser Art keineswegs aus einer älteren Zeit, etwa der vorrömischen sogenannten Bronzezeit herrühren. Vielmehr stammen sie aus einer späteren Zeit als die Gefässe von terra sigillata her und sind wol überhaupt als einheimisches Fabricat zu betrachten. Freilich lässt sich eine genauere Bestimmung der Zeit nicht geben, die wenigen ornamentierten Fragmente reichen dazu nicht aus. Wol aber muss der Gedanke abgewiesen werden, dass sie als Thongeschirr einfacherer Art für den Gebrauch der Küche neben den Gefässen aus terra sigillata in Verwendung gestanden hätten, also diesen gleichzeitig gewesen wären. Denn das diesen gleichzeitige ganz einfache Geschirr ist noch immer von einer Technik, welche sich von der Bereitungsweise der eben in Rede stehenden Geschirre scharf abhebt; der Thon ist fein, sehr hart gebrannt, die Wandung viel dünner, die Farbe zumeist röthlich; vertieft eingedrückte Ornamente fehlen ganz, dafür zeichnet es sich durch leichte saubere Formen aus. Vielmehr werden jene Gefässe nach dem schon mehr zum Mittelalter hinneigenden Charakter der Arbeit als die schöneren Stücke einer herabgekommenen Verfallzeit betrachtet werden müssen und frühestens dem IV. Jahrhunderte und zwar eher der zweiten Hälfte desselben als der ersten angehören.

Als diesen gleichzeitige, für den untergeordneten Gebrauch bestimmte, vielleicht selbst aus noch späterer Zeit herrührende Gefässe werden jene anzusehen sein, welche nach den vorgefundenen Fragmenten eine dunkle schmutzig schwarze Farbe und dicke Wandung haben, nicht auf der Scheibe gedreht sind und daher auch nicht an allen Stellen gleichmässig ausgearbeitet erscheinen, nur obenhin am offenen Feuer wenig gebrannt wurden und aller Verzierung entbehren.

Es lassen sich also ähnlich wie bei den Münzen und Ziegelstämpeln, so auch bei den Gefässen zwei Reihen unterscheiden, die einen reichlicher vertreten und einer guten Zeit angehörend, die andern aus einer spätern Zeit und deren Dürftigkeit und Verfall anzeigend.

Die Fundobjecte aus Metall (Silber, Bronze, Eisen) sind von der Verwaltung des Museums Francisco-Carolinum zum Zwecke ihrer Abbildung und Bestimmung an den Director des römisch-germanischen Central-Museums in Mainz,

Herrn L. Lindenschmit, abgesendet worden. Die Ergebnisse seiner Untersuchung wurden unter dem Titel ‚Bemerkungen über die mitgetheilten Fundgegenstände in den römischen Gebäuden zu Windischgarsten bei Spital am Pyhrn‘ in der 26. Lieferung der von dem Museum herausgegebenen ‚Beiträge zur Landeskunde von Oesterreich ob der Enns‘ (Linz 1873) S. 1—35 aufgenommen, erschienen also vor der Abfassung des zweiten Theiles dieser Untersuchung. Ich erwähne dieses Umstandes ausdrücklich aus dem Grunde, weil beide Untersuchungen, sowol die des Herrn Directors Lindenschmit, als auch die meinige, vollständig unabhängig von einander, ohne dass wir einer von des andern Beschäftigung mit diesem Gegenstande etwas wussten, angestellt wurden und die Ergebnisse, da wo sie gleiches Ziel anstreben, d. i. in der Zeitbestimmung vollkommen übereinstimmen.

Es muss bemerkt werden, dass mir dabei das ganze Materiale zu Gebote stand, welches über diesen Fund an die kais. Akademie der Wissenschaften eingesendet wurde, während Herr Lindenschmit nur die Metallobjecte zur Verfügung hatte und auch von diesen nur die Gewandhaften als Materiale für die Zeitbestimmung benützen konnte, da an den übrigen Gegenständen der zeitliche Charakter sich zu wenig prägnant darstellt.

Die Prüfung der Fibelformen führte nun gleichfalls zur Feststellung zweier deutlich unterschiedener Perioden der Anfertigung, einer älteren und jüngeren; auch hierbei ist wieder eine grössere Menge aus ersterer, eine geringere aus letzterer Zeit constatiert. Die ältere Periode reicht von ungefähr 150 bis 250, die jüngere von ungefähr 250 bis in das fünfte Jahrhundert. Jener gehören die Haften mit knieförmig gebogenem und mit länglich rundem gekröpftem Bügel und weitabstehender Nuth (Taf. VI, 1, 2, 3, 7, 8, 9), dieser hingegen die einfache runde Bügelhafte an (Taf. VI, 10).

Da die übrigen Fundobjecte keine Anhalte für die Zeitbestimmung bilden und eine kurze Beschreibung derselben im Anhange beigegeben ist, wenden wir uns zur Verwerthung der gewonnenen Thatsachen.

Das aufgegrabene Gebäude weist zwei Bauperioden auf; die eine, ursprünglich über alle Räume erstreckt, bediente sich solider Kalkschieferquadern neben Ziegeln eines numerus und etwa noch einer ala, die andere, nur in dem südlichen Theile des Gebäudes selbst nachweisbar und offenbar eine viel jüngere, verwendet dagegen Geröllsteine des nahen Dammbaches und schlechtgebrannte Ziegel der legio II Italica, legt über den Schutt einer vorausgegangenen Zerstörung neue Böden aus Lehm und versieht diese theilweise mit Estrich und Ziegelpflaster. Getrennt sind beide Bauführungen durch eine Zerstörung durch Feuer, welche die nördlichen Wirthschaftsgebäude und den östlichen Tract des Wohngebäudes zum grössten Theil verzehrte, den westlichen aber weniger schwer traf; sie ist durch das Vorhandensein einer doppelten Culturschicht in dem ersteren Tracte erwiesen.

Diesen zwei durch die Zerstörung gesonderten Zeiträumen entspricht der verschiedene Charakter der datierbaren Fundgegenstände. In die ältere gehören der Hauptsache nach die bei den älteren Gruppen der Fundmünzen, jene des Silberdenars mit der gehörigen Begleitung von Gross- und Mittelbronze, der so spärlich vertretene Billondenar und der grössere Theil der Weisskupferdenare; dann die Gefässscherben aus terra sigillata, und von den Schmuckgeräthen die ältere Form der Fibula. Der jüngeren Periode hingegen entstammen die Weisskupferdenare in der kleineren Anzahl sowol als devalviertes Geld, als auch als Kupfermünze, dann die nachdiocletianischen Mittel- und Kleinbronzen der dritten Münzgruppe, die Gefässscherben aus gröberem Thon und von schlechterer Arbeit, endlich die jüngere Form der Bügelhafte. Alle Objecte, welche der älteren Zeit angehören, fanden sich reichlicher als jene der jüngeren vor; Leben und Verkehr war also während der älteren Periode des Bestehens des Gebäudes weit reger und bewegter als in der jüngeren. Endlich ist für den ersten Bau die Epoche Alexander Severus' nachgewiesen, während die Reihe der gefundenen Münzen nach der Zeit ihrer Ausprägung bis 378 hinabreicht.

Es handelt sich nun um die Feststellung jenes Zeitpunktes, in welchem die erste Zerstörung vorfiel.

Schon die Prüfung der zweiten Münzgruppe liess in der Epoche der Herrschaft des Weisskupferdenars eine Unregelmässigkeit in den Zahlen der einzelnen Posten erkennen und den Eintritt eines gewaltsamen Ereignisses in jener Zeit vermuthen; auch weist die Beschaffenheit der aufgefundenen Gegenstände in der grösseren Menge auf das III., in der kleineren auf das IV. Jahrhundert hin, so dass zwischen beiden ein Ereigniss liegen muss, welches den besseren älteren Bestand der Niederlassung in einen schlechteren während der jüngeren Zeit veränderte.

Wenn die geschichtlichen Angaben über jene Einfälle der Germanen ins Auge gefasst werden, welche sich in der Richtung des Ueberganges über den Pirn vollzogen haben können, so dass nicht blos das überhaupt in der zweiten Hälfte des dritten Jahrhunderts viel und schwer heimgesuchte Nachbarland Pannonien allein darunter gelitten hätte, sondern auch der vom sarmatischen Kriegsschauplatz weiter entlegene Theil von Noricum: so findet sich in der That um jene Zeit ein solches Ereigniss. Die an die Stelle der Markomannen getretenen Juthungen machten wahrscheinlich im letzten Regierungsjahre des K. Claudius (269) einen verheerenden Einfall durch Noricum nach Italien, so dass Aquileja von seinem Bruder Quintillus nur mit Mühe vor ihrem Anprall gehalten werden konnte. Als der Kaiser Aurelian (270—275) zum Entsatze herbeieilte, zogen sie sich zurück, wurden aber von ihm an der Donau eingeholt und empfindlich geschlagen. Nichtsdestoweniger brachen sie im nächsten Jahre, als ihre Bitte um Frieden abgeschlagen worden war, wieder los, diesmal in Verbindung mit den Alemannen, welche durch Graubünden vorrückten, gerade zur Zeit, als der Kaiser mit den Vandalen und Jazygen in Pannonien zu kämpfen hatte. Gegen die verbündeten Germanen verlor der Kaiser die furchtbare Schlacht bei Placentia, so dass an das römische Reich die Gefahr gänzlicher Auflösung nahe herantrat[1]. Dafür gelang es Aurelian bald darauf, den Germanen seinerseits eine sie beinahe aufreibende Niederlage beizubringen. — Wahrscheinlich sind damals einzelne grössere Raubschaaren durch Noricum über den Pirn nach Aquileja gezogen, wie zur Zeit der Marko-

[1] „Ut Romanum pene solveretur imperium." Historia Aug. Aurelian c. 18, 21. Vergl. über diesen Krieg auch v. Wietersheim, Geschichte der Völkerwanderung. III. 7 f.

mannenkriege, und haben die Castelle und Niederlassungen der Römer — darunter auch Castell und mansio von Ernolatia — in Brand gesteckt. Ob dies schon im Jahre 269 oder im Jahre 271 geschah, ist ohne Bedeutung für unsern Zweck. Ebenso, ob sofort nach der gänzlichen Besiegung der Germanen oder ob einige Jahre später die Wiederherstellung des Gebäudes erfolgte. Wahrscheinlich geschah sie sehr bald, wol noch unter Aurelian selbst, der mit grosser Energie das Wol des Reiches ebenso nach aussen wie nach innen hütete. Auch die ununterbrochene Reihe der Münzen, insoferne sie in dieser Beziehung in Betracht kommen, spricht dafür, nicht weniger die Nothwendigkeit, die mansio für die Zwecke der Reichspost ehestens wieder verwenden zu können.

Die Zeit der zweiten Zerstörung lässt sich nicht mit vollkommener Bestimmtheit angeben. Aus dem Umstande, dass die Reihe der Fundmünzen mit Valens zu Ende ist und dass unter der Regierung seines Bruders Valentinian im Jahre 374 ein grosser Einfall der Quaden, die sich mit den Sarmaten verbündet hatten, nach Pannonien stattfand, wird auf die Zerstörung des Gebäudes in dem gedachten Jahre geschlossen.

Es scheint mir aber manches dagegen zu sprechen. Erstlich was die Münzen betrifft, so ist für das uferländische Noricum die Epoche der Kaiser Valens († 378) und Gratian († 383) im Allgemeinen die Zeitgrenze, bis zu welcher römische Münzen in den Funden sich zeigen. Die Verzeichnisse der Fundmünzen von St. Pölten [1], Enns [2], Linz [3], Wels [4] bestätigen dies. Es wäre aber unrichtig, daraus auf eine gänzliche Zerstörung der betreffenden Römerorte unter den genannten Kaisern zu schliessen. Vielmehr ist nicht blos im Allgemeinen die Fortdauer römischer Herrschaft bis tief in das V. Jahrhundert hinein bezeugt, wenn sie gleich durch gothische Occupation zeitweise unterbrochen und mit Ausnahme etwa der Epoche

---

[1] Beiträge zu einer Chronik der archäol. Funde in der österr. Monarchie, Archiv f. Kunde österr. Geschqu. XXIV, 237 (S.-A. VI, 13). XXIX, 201 (S.-A. VII, 17); XXXIII, 20 (S.-A. VIII, 20).

[2] Ebenda XXIV, 252 (S.-A. VI, 28), XXIX, 213 (S.-A. VII, 29).

[3] J. Gaisberger im 24. Hefte der Beiträge zur Landeskde von Oest. ob d. Enns, S.-A. S. 8 f.

[4] Fundchronik a. a. O. XXIV, 253 (S.-A. VI, 29).

des tüchtigen Generidus nicht nachdrücklich genug aufrecht gehalten wurde, — sondern auch im Einzelnen ist für Laureacum und Lentia aus der um 400 abgefassten Notitia dignitatum der Bestand von Castellen nachweisbar und lassen sich selbst die Besatzungen derselben nennen. Ja aus der vita Severini von Eugippius geht hervor, dass römisches Leben noch nach 454 in Laureacum herrschte und die Römer selbst Besatzungen im Lande hielten [1].

Die Fundmünzen lassen überhaupt eine Zeitbestimmung, die nur auf die Jahre der Regierung des Münzherrn, von dem sie geschlagen wurden, sich gründet, nicht zu, da sie ja auch nach dem Tode desselben noch durch längere Zeit circuliert haben können, bevor sie an die Fundstelle gelangten. Nur in dem Falle, wenn unter dem betreffenden Kaiser eine Veränderung in den Münzsorten eintrat, so dass ältere aufgerufen und neue ausgegeben wurden, reichen die Münzen für eine Zeitbestimmung auf's Jahr aus. Aehnliches ist zwar im Jahre 395 verordnet worden, doch betraf das Gesetz nur die Mittelbronzestücke, deren Circulation beseitigt werden sollte, dagegen durfte das Kleinkupfer auch noch weiter umlaufen [2]. Es ist also sehr wol möglich, dass die in Windischgarsten gefundenen Kleinkupferstücke der constantinischen Epoche und selbst die diesen gleichwerthigen devalvierten Weisskupferdenare aus der zweiten Hälfte des dritten Jahrhunderts noch lange nach Valens im Verkehre gewesen seien. Ein sehr bezeichnendes Beispiel für die lange Umlaufsdauer von Münzen, die aus der Mitte des IV. Jahrhunderts stammen, gewährt der Fund von Monteroduni, der aus 1000 Kupferdenaren bestehend neben ostgothischen Münzen (bis zum Jahre 550), als der grösseren Menge, Prägen aus der Zeit der nächsten Nachfolger Constantin's des Grossen, dann von Anastasius, Justinian I. und von vandalischen Königen enthielt [3].

---

[1] Eugippius cap. 21. Es ist hier die Rede von Soldaten, welche nach Italien giengen, um für sich und ihre Kameraden den rückständigen Sold zu bringen. Dabei heisst es: Zur Zeit als das Römerreich noch bestand, wurden in vielen Städten zur Bewachung der Grenzen Soldaten auf öffentliche Kosten unterhalten. Es ist die Zeit des hl. Severinus (Anfang der zweiten Hälfte des V. Jahrhunderts).

[2] Mommsen, Gesch. des röm. Münzw. S. 825.

[3] Mommsen a. a. O.

Was ferner den Einfall der Quaden betrifft, so war dieser, wie deutlich aus Ammianus' Schilderung hervorgeht[1], gleich einem früheren Einfalle derselben unter K. Julian (358)[2] nur auf die Provinz Valeria (zwischen Donau und Bakonyerwald) gerichtet. Auch war er kein Beutezug, sondern aus Rache unternommen für ihren von den Römern in treuloser Weise ermordeten König Gabinius; die Schuld davon massen sie irrthümlich dem früheren Statthalter von Valeria, Equitius, bei und warfen sich daher auf dessen Provinz. Ihr Zug erstreckte sich bis Sirmium (Mitrovič); aber abgeschreckt durch die Anstalten, die man in der Stadt zur Vertheidigung traf, und benachrichtigt, dass Equitius nicht hier, sondern in der Provinz Valeria sei, drangen sie in das Innere der letzteren ein, um ihn aufzusuchen und rieben zwei ihnen entgegenkommende Legionen auf. Allerdings waren die Verwüstungen, die sie überall anrichteten, sehr schwer. Allein nachdem ihre Rache gestillt war, scheinen sie sich wieder in ihre Länder zurückgezogen zu haben. Als im nächsten Frühjahr K. Valentinian von Trier aufbrach, um die Quaden zu züchtigen, zog er auf der gewöhnlichen Heerstrasse durch Rätien und Noricum heran. Noch vor seiner Ankunft in Carnuntum kamen Abgesandte der Sarmaten, um ihre Schuldlosigkeit an dem Geschehenen zu betheuern, worauf der Kaiser erwiederte, er wolle das Vorgefallene an Ort und Stelle untersuchen. Erst hierauf begab er sich nach Carnuntum und später nach Aquincum.

Würde auch Noricum vom Einfalle gelitten haben, so würde der Kaiser vielmehr in Laureacum Halt gemacht und seine Untersuchungen begonnen haben, anstatt nach Carnuntum zu gehen. Ueberhaupt ist im ganzen Berichte des Ammianus von Noricum gar keine Rede; endlich hätte ein Vordringen bis nach Ernolatia und eine Zerstörung dieses Ortes wol nur dann einen Zweck gehabt, wenn es der Plan der Quaden gewesen wäre, nach Italien zu ziehen, was nicht der Fall war.

Auch durch den Rest des IV. Jahrhunderts hindurch hatte Noricum eine ruhige Zeit. Erst mit dem Auftreten Ala-

[1] XXIX, 6. XXX, 5.
[2] Ebenda XVII, 12; vgl. XXVI, 4.

rich's beginnt wieder eine stürmische Epoche. Als er in Verbindung mit Rhadagais seinen Zug nach Italien unternahm, brachen die jenseits der Donau wohnenden Germanen in Rätien und in's uferländische Noricum ein, um es zu besetzen (400)[1]. Möglicherweise sank damals Castell und mansio von Ernolatia zum zweiten Mal in Asche. Möglich ist es aber auch, dass dies einige Jahre später geschah, als Rhadagais selbstständig einen Zug nach Italien unternahm (404). Mit 400,000 Mann zog er in drei Heeressäulen nach Süden, offenbar in der Absicht, der durch das Vordringen der Hunnen hervorgerufenen Völkerbewegung ausweichend, die eigene Heimath zu verlassen und eine neue jenseits der Alpen zu suchen; es war also deutlich ein Eroberungszug eines auswandernden Volkes. Nach der Vermuthung, welche der gründliche Forscher der Geschichte der Völkerwanderung, v. Wietersheim, aufstellt[2], vertrieben die Ostgothen, als Vorhut der Hunnen, die östlichen Vandalen, vielleicht auch die Quaden aus ihren bisherigen Wohnsitzen an der Theiss, Donau und March und zwangen sie zur Auswanderung in die Länder der westlich angrenzenden Stämme an der oberen Elbe bis zur Weser hin. Da sie hier keinen Platz fanden, und im Gefühle der Ohnmacht gegen die Hunnen, vereinigten sich beträchtliche Bestandtheile dieser Stämme und wählten Rhadagais, der als früherer Verbündeter Alarich's auf dessen erstem Zuge nach Italien eine Kenntniss dieses Landes besass, zum Heerführer.

Nach der geographischen Stellung und der Zahl der auswandernden Völker ist es nicht anders denkbar, als dass sie alle Uebergänge über die Alpen, die in der Richtung ihres Vormarsches lagen, benützten und eine Heersäule oder doch die Abtheilung einer solchen durch Noricum gieng. Nach Wietersheim's Ansicht gelang es jedoch dem Stilicho, dem bedeutendsten Staatsmanne und Feldherrn des römischen Abendlandes jener Zeit, die Führer zweier von den drei Heeresabtheilungen dadurch zu gewinnen und von Radagais abzuziehen, dass er ihnen den Rath gab, sich in dem reichen Gallien eine Heimath zu suchen. Auf diese Weise wurde Ersterer,

[1] Büdinger, Oesterr. Gesch. S. 40.
[2] Gesch. d. Völkerwandrg. IV, 211.

der mit der vordersten Heeressäule, etwa 100,000 Mann, nach Italien gezogen war, isoliert und als er dennoch an die Belagerung von Florenz schritt, hier von Stilicho's Heere umzingelt und zur Ergebung gezwungen (405).

Mit einem dieser Einfälle der Germanen lässt sich die zweite Zerstörung der mansio nach meiner Ansicht am füglichsten verbinden.

Ihre ferneren Schicksale sind unbekannt. Die beiden aufgegrabenen Tracte enthalten mit Ausnahme der Räume 1 bis 7 keinerlei Anzeichen, dass sie ein zweites Mal wiederhergestellt worden seien. Nur die letzteren scheinen, nach den angebauten Streben zu schliessen, zu einem kleinen Bollwerke zugerichtet worden zu sein. Natürlich lässt sich nicht sagen, ob dies mit einer Erneuerung der nun gänzlich fehlenden Haupttracte in Verbindung gestanden habe. Wahrscheinlich war dies der Fall; denn die Herstellung des Bollwerkes hatte wol doch nur den Zweck, den Bewohnern eines nächst anliegenden Gebäudes Schutz und Zuflucht bei Feindesgefahr zu bieten. War der Haupteingang verrammelt und in das Bollwerk einiger Vorrath an Lebensmitteln gebracht, so konnten sich die Einwohner in demselben, das von den Nebenräumen vollkommen isoliert war, sehr wol durch einige Zeit halten. Dagegen ist es nicht wahrscheinlich, dass das Bollwerk einen selbstständigen Defensivbau für sich dargestellt habe; erstlich war es dafür zu klein, dann der Platz für diese Function nicht gut gewählt. Weit eher liesse sich annehmen, dass man, wenn es sich darum gehandelt hätte, eine Position zur Vertheidigung des Gebirgsüberganges zu schaffen, einfach das alte Castell erneuert haben würde. Dies geschah nicht, wie das Vorhandensein von den Spuren des Bollwerkes beweist, welche letzteren eben ein Zeichen sind, dass das Castell bei den vorangegangenen feindlichen Einfällen nicht blos zerstört wurde, sondern auch zerstört blieb.

Nachdem die Westgothen aus dem südlichen Noricum, das sie von 400 bis 409 besetzt gehalten hatten, abgezogen, Alarich bei Cosenza gestorben war und dessen Schwager Ataulf das Volk nach Gallien geführt hatte, kehrten Dalmatien, Noricum und Oberpannonien in die Herrschaft der Römer zurück und erhielten zusammt mit Rhätien in der Person des Generidas einen vorzüglichen thatkräftigen Statthalter, welcher die ihm untergebenen Truppen trefflich zu behandeln wusste, sie stets in Uebung erhielt und dadurch den germanischen Stämmen Furcht einflösste. Die Provinzen, die unter seinem Schutze standen, genossen in Folge seines Auftretens aller wünschenswerthen Sicherheit [1].

Es ist nicht anders denkbar, als dass ein solcher Statthalter auf die Verbindung mit Italien ein grosses Gewicht gelegt und das Institut der Reichspost, insoferne es durch die Occupation der Gothen unterbrochen war, erneuert habe. Wahrscheinlich wurde unter ihm die zerstörte mansio von Ernolatia wenigstens nothdürftig wiederhergestellt und durch das kleine Bollwerk gesichert. In dieser Gestalt mag sie bis zum Abzug der Römer nach des hl. Severinus Tode bestanden haben. Dann tritt sie in ein uns völlig unenthüllbares Dunkel zurück.

Anhang.

Im Fortgange des zweiten Theiles unserer Untersuchung sind, um denselben nicht zu unterbrechen, nur jene Fundgegenstände besprochen worden, welche in ihren Merkmalen Anhalte für die Zeitbestimmung gewähren: die Münzen, Stämpel und eingekratzten Inschriften der Ziegel und Gefässe, die Ornamente späteren Thongeschirres und die charakteristischen Fibelformen. Die andern Objecte wurden nur in dem Falle obenhin erwähnt, wo die Fundstelle ihrer Aufgrabung angegeben und für die Bestimmung des einstigen Zweckes der betreffenden Räume von Wichtigkeit ist; die übrigen wurden ganz übergangen.

Die beiden letzteren Arten sollen nun übersichtlich verzeichnet werden, um das zu Gebote stehende Materiale möglichst vollständig zu geben. Es seien dabei der Schmuck und die zur Verzierung der Kleider gehörigen Stücke vorausgestellt; ihnen folgen Werkzeug und Geräthe verschiedener Art.

---

[1] Zosimus V, 46.

Unter den Gegenständen des Schmuckes wird eine Glaskoralle von dunkelblauer Farbe, gerippt und durchbohrt, ferner ein Glasring genannt, von weisser Farbe, der Grösse nach für den Finger eines Kindes bestimmt. Die Fundstelle beider ist nicht bekannt.

Von metallenen Objecten dieser Art sind die Fibulae schon oben erwähnt worden (s. S. 59); jene, welche der Form nach in eine spätere Zeit gehört, ist mit Silber plattiert. (Taf. VI, 10).

Ihnen soll hier der im Raume 66 gefundene Ring aus Silberdraht (Taf. V, 7) angereiht werden, in welchen eine mit Bronze gefütterte römische Silbermünze, deren völlig verschliffenes Gepräge die Spuren eines Frauenkopfes auf der einen Seite trägt, dann ein kleines Silbermedaillon mit Oehr und mit der Reliefdarstellung einer Schildkröte (Rückseite leer), endlich ein zierlich gearbeiteter Phallus aus Silber eingehängt waren. Offenbar sind diese Gegenstände mit dem Ringe um den Hals als Amulett (phylacterium) gegen die Einwirkung insgeheim thätiger schädlicher Kräfte, wie des bösen Blickes, getragen worden. Die Münze selbst hat wahrscheinlich das Bild einer Heilgottheit (Aesculap, Hygieia, Salus od. dgl.) auf der Rückseite enthalten und ist desshalb den übrigen Symbolen hier angereiht worden. Die kleinen zu gleichem Zwecke getragenen goldenen Medaillons, welche das menschliche Auge und um dieses herum verschiedene Thierfiguren zeigen, die mit den Heilgöttern in Beziehung stehen, sind bekannt. Auf zwei solchen im Castrum von Mainz gefundenen befand sich unter diesen Thiergestalten auch die Schildkröte. Der Phallus endlich ist allgemeines Symbol der Zeugungskraft und Fruchtbarkeit. (Vgl. hierüber Lindenschmit in der angeführten Schrift S. 29.)

Weiter wird noch eine Verzierung aus Bronze erwähnt, mit Silber plattiert (Taf. VI, 4), 1 Zoll hoch, wol das Anhängsel eines Riemens oder Ortstück eines Geräthes, dann ein Haken von Bronze, gleichfalls mit Silber plattiert (Taf. VI, 14), die ehemals viereckige Platte (1½ Zoll im Quadrat) mit gestanzten concentrischen Kreislinien geschmückt. Eine Verzierung aus Bronze, die wol einem Ohrgehänge angehörte, 1⅓ Zoll lang (Taf. V, 8) trug in den vertieften Feldern des breiteren unteren Theiles nach Analogie ähnlicher Objecte anderen Fundortes Glas oder Email eingesetzt; der zurücktretende untere Rand ist mit Tremolirstich geschmückt. Wol auch zum Schmucke, sei es eines Kleidungsstückes oder eines Geräthes, gehört das Bruchstück einer bronzenen Platte mit der herausgetriebenen Relieffigur eines Vogels mit zum Boden geneigtem Kopfe und gesenktem Flügel (die Füsse sind nicht angedeutet) (Taf. VI, 6), 2 Zoll lang und $1^1/_3$ Zoll hoch. Der Gestalt nach ist der Vogel einem Auerhahn ähnlich. Gleichartige Fragmente mit demselben Charakter in der Darstellung der Augen und Federn fanden sich in Mainz, aber auch hier in so kleinen Bruchstücken, dass sich ihre einstige Verwendung nicht mit Bestimmtheit erkennen lässt (Lindenschmit S. 30).

Von Ringen fand sich ein silberner Fingerring, 8 Linien im Durchmesser, im Raume 34; er trägt im Kasten einen Carneolintaglio eingelassen, welcher einen schreitenden Hahn zeigt (Taf. V, 4^a, 4^b). Ein anderer bronzener Fingerring von 7 Linien Durchmesser (Taf. V, 1) ist ganz glatt, vorne, an der Stelle des Knopfes, zu einer schmalen Platte ohne Gravierung abgeflacht[1]. Dazu kommen noch zwei glatte grössere geschlossene Ringe aus Bronze, die wahrscheinlich als Schmuckringe zum Anhängen zu betrachten sind (Taf. V 2, 3). Der eine hat 20 Linien im Durchmesser und ist oben 1, unten 3 Linien stark, der andere hat nur 18 Linien im Durchmesser und ist durchaus gleich stark und gewölbt, 6 Linien breit; er ist vortrefflich gearbeitet und mit schöner Patina überzogen; gefunden wurde er im Raume 46.

Endlich gehören hieher noch bronzene Schnallen, Knöpfe und Ortbeschläge. Erstere sind seltene Fundobjecte; die eine mit noch erhaltenem Dorn zeigt gegenüber von der Stelle, wo letzterer eingehängt ist, zwei kleine aufstehende Knöpfchen, zwischen welche der Dorn eingelegt wurde, so dass er nach keiner Seite hin ausweichen konnte; die Länge des Dornes beträgt nahezu 2 Zoll (Taf. VI, 13). Die andere Schnalle, von beinahe gleicher Grösse, ist mit

---

[1] Gaisberger erwähnt (S. 56) noch drei kleiner Ringe aus Bronze für den Finger eines Kindes passend.

Ringen verziert, der Dorn fehlt (Taf. V, 14). Eine dritte Schnalle ist ganz den heute gebräuchlichen Riemenschnallen ähnlich, 5 Linien breit, 7 lang; der Bügel besteht aus schwächerem Draht, während der Dorn kurz, breit und in der Mitte etwas eingebogen ist (Taf. VI, 16). Einer noch kleineren ähnlichen Schnalle fehlt der Dorn. (Vgl. über die Schnallen die Bemerkungen von Lindenschmit S. 26). — Von den Knöpfen zeigt der eine zum Anstecken (Taf. VI, 11) einen drei Linien hohen Schaft, der auf einer Scheibe aufsitzt und mit einem glatten pilzförmigen Schirme gedeckt ist. Er wurde unter dem Hafnerfusssteige gefunden. Andere Knöpfe haben die Form einer einfachen oder doppelten Pelta (halbmondförmiger Schild) (Taf. VI, 5.) Ein Stück der ersteren Art 17 Linien hoch, hat eingedrehte Enden und zwischen ihnen ein kleines Blattornament; auf der Rückseite zeigen sich oben und unten kleine knopfartige Ansätze, wol zum Einknöpfen in Stoff oder Leder. An den zwei Stücken der andern Art, die nur 8 Linien Durchmesser haben und glatt sind, stossen die Enden zusammen. Ein grösseres Stück der ersteren Art, 1 Zoll 4 Linien lang, ist mit Silber plattiert. Ein Möbelknopf von 1 Zoll Durchmesser hat genau die Gestalt einer kleinen Schale, in deren Mitte ein Knauf sitzt, der wenig über den Rand der Schale hervorragt (Taf. V, 11ª, 11ᵇ). — Von den Ortbeschlägen und Anhängestücken besteht eines aus zwei kleinen bronzenen Scheiben von 5 Linien im Durchmesser, mit gezahntem Rande und einer Drahtschlinge, die wie ein Zopf geflochten ist und das Oehr zum Anhängen bildet (Taf. VI, 12). In mehreren Exemplaren zeigten sich die kleinen nach unten zu ringförmigen Anhängestücke aus Bronze, die am unteren Ende jener Lederstreifen befestigt wurden, welche bei der Soldatenrüstung vom Gürtel über den Unterleib herabhiengen (Taf. V, 13) (Lindenschmit S. 29).

Von Geräthschaften für die Pflege des menschlichen Körpers ist einer Pincette zu gedenken (Taf. VI, 15), 22 Linien lang aus Bronze, gefunden im Raume 46, ferner zweier Ohrlöffelchen, 3 Zoll lang, an der dicksten Stelle nur $1/2$ Linie stark, gleichfalls aus Bronze, leicht geschweift mit schräge angesetztem Schaufelchen (Taf. V, 18), endlich der im Raume 16 gefundenen Frauenhaarnadel aus weissem

Bein, jetzt 3 Zoll lang, glatt, oben mit einem Knöpfchen versehen, unter diesem eingezogen und sofort wieder anschwellend, die Spitze scheint alt abgebrochen zu sein [1] (Taf. V, 17).

Anderes Geräthe verschiedenen Gebrauches sind: die Gewichte. Man fand dem Protokoll zufolge ein viereckiges Gewicht im Raume 46, ebenda auch ein eichelförmiges Gewicht aus Bronze (Taf. V, 6), 33 Linien hoch, bei 18 Linien grösstem Durchmesser, oben mit einem Oehr zum Anhängen an den Wagebalken versehen, unten mit einem Tropfen geschmückt; von einem ähnlichen unten spitz zulaufenden, mit Blei ausgegossenen Gewichte fehlt der obere Theil (Taf. V, 5). Ein im Raume 25 gefundener Griff eines Geräthes aus Bronze, $4^1/_2$ Zoll hoch, hat die Gestalt einer auf eine viereckige Platte aufgesetzten, nach oben stark verjüngten Säule; im Inneren zeigen sich Spuren von Eisen (Taf. V, 10).

Zwei andere Gegenstände mögen zum Geschirre eines Maulthieres gehört haben; der eine ist ein bronzener Zügelring (Taf. V, 9), mit dem angesetzten Zapfen 28 Linien lang, 24 Linien grösste Breite; der andere ein Glöckchen aus Bronze, 3 Zoll 2 Linien hoch, mit einem Ringe oben versehen; die Mündung bildet ein Viereck; der eiserne Klöppel besteht aus einem Stab, der oben ringförmig eingebogen, nach unten breit gehämmert ist. Sie wurde vor dem Raume 46 gefunden (Taf. V, 12).

Alles übrige Geräthe bestand durchaus aus Eisen. Auch sie folgen hier in Gruppen: zunächst die einzige Waffe, die man fand, dann die Messer, Bohrer, Griffel, Schlüssel, Eisenschuhe und Nägel.

Da, wie es gewöhnlich bei Ausgrabungen wahrgenommen wird, die Germanen nach Einnahme von römischen Niederlassungen vorzüglich nur die Waffen als willkommene Beutestücke auflasen und mit sich nahmen, ist es nicht zu wundern, dass man auch in Windischgarsten nur eine einzige Waffe auffand, eine Lanzenspitze (Taf. IV, 13). Sie ist sammt der Tülle 9 Zoll lang, das Blatt 1 Zoll 8 Linien in grösster Breite und flach; die Tülle hat einen Durchmesser von 8 Linien, war also zur Aufnahme eines leichten Schaftes bestimmt;

[1] Gaisberger erwähnt S. 56 „ein Paar Haarnadeln aus Bein".

daher ist die Waffe als Wurfgeschoss zu betrachten, dergleichen man ab und zu in römischen Castellen findet (Lindenschmit Seite 31).

Es wurden 14 Messer von verschiedener Grösse und Gestalt gefunden, welche auf Tafel IV, 1—9 abgebildet sind. Zumeist haben die Klingen die gewöhnliche Form mit ganz geradem oder nur leicht nach auswärts odes einwärts gebogenem Rücken. Bei den meisten war auch die Angel als ein mehr oder weniger dünner Eisenstab erhalten. Besonders sind nach Form oder erkennbarer Bestimmung zu nennen ein Schnitzmesser (Fig. 1), 4 Zoll 4 Linien lang, das obere abgeschrägte Ende 1 Zoll 4 Linien breit; eine sichelförmige Messerklinge (Fig. 3) jetzt 6 Zoll 8 Linien lang, die Spitze gebrochen, die erhaltene Angel 2 Zoll 4 Linien lang; dann eine kurze gerade, an der Spitze abgeschrägte Messerklinge mit langer Angel (Fig. 4), zusammen 9 Zoll 4 Linien lang, wovon die Hälfte auf die Angel entfällt; die Klinge am Heft 10 Linien breit. An einer zweiten ganz ähnlichen, unter aber spitziger zulaufenden Klinge ist der Knopf am obern Ende der Angel noch erhalten (Fig. 6). Vier Klingen zeigten eine zierlich geschweifte Form, als Beispiel davon sei die besterhaltene hier herausgehoben (Fig. 7); sie ist 8 Zoll 4 Linien lang, wovon 2 Zoll 4 Linien auf die ziemlich starke Angel entfallen.

Ein Löffelbohrer (Taf. IV, 11) mit rundem, unten einseitig ausgehöhltem Schaft und flacher Spitze, misst 8 Zoll 4 Linien; ein flacher Meissel (Taf. IV, 21) mit sehr seichten Lappen oder vielmehr Rändern am unteren Theile, ist 6 Zoll lang; am oberen Ende, dessen Abrundung durch tiefe Scharten nun kaum mehr kenntlich ist, war er etwa 1 Zoll breit. Hieher gehört auch ein Durchschlageisen von cylindrischer, oben stark verjüngter Form, 4 Zoll hoch (Taf. IV, 22) und ein auf Taf. IV, 24 dargestelltes 6 Zoll langes, oben mit drei Haken versehenes Instrument, dessen Schaft eingedreht ist, als ob er mit gewundener Cannelüre geschmückt wäre; seine Bestimmung ist nicht deutlich. Ein Schäufelchen (Taf. IV, 17ᵃ und ᵇ) von 4 Zoll Länge, bei 1 Zoll Schaufelbreite zeigt einen dünnen leicht eingedrehten Stiel, dessen unteres Ende ringförmig gebildet ist. Endlich fanden sich noch zwei Schreibgriffel (stili). Der eine (Taf. IV, 14), 3 Zoll 10 Linien lang, besteht aus einem runden Schaft, in dessen unteres Ende ein 8 Linien langer Schreibstift eingesetzt ist; am oberen Ende sitzt die 6 Linien lange und 4 Linien breite Spatel. Aus dem andern etwas grösseren ist der Stift herausgefallen (Taf. IV, 15).

Von den Schlüsseln zeigten sich sieben Stücke in abweichenden Formen; es lassen sich zwei Typen unterscheiden. Der eine besteht aus einem platten nach oben verjüngten Eisenstabe; am oberen Ende sitzt der Bart, der entweder aus zwei ankerförmig umgebogenen Enden besteht (Taf. IV, 18) oder durch ein im rechten Winkel abstehendes Ende dargestellt wird; dieses wieder läuft entweder spitzig aus (Taf. IV, 20[a] und [b]) oder wird von einer schmalen eingeschnittenen Platte, die wagrecht absteht, gebildet (Taf. IV, 19). Das untere breitere Ende des Schlüssels ist durchlocht, um an einen Ring gehängt werden zu können. Der Schlüssel, welcher auf Taf. IV, 18 dargestellt ist, misst 5 Zoll in der Länge, der Bart 1 Zoll, der Schaft unten $^{2}/_{3}$ Zoll in der Breite. Ein diesem in der Bildung des Bartes ähnlicher Schlüssel (Taf. IV, 10), von dessen Bart aber der eine Theil abgebrochen ist, hat am unteren Ende nur einen Haken statt des Loches und misst 8 Zoll in der Länge. Der auf Taf. IV, 20 dargestellte Schlüssel ist 4 Zoll lang; ein zweites Exemplar derselben Art, mit gebrochenem Barte, s. bei Lindenschmit Taf. III, 21. Endlich der auf Taf. IV, 19 dargestellte Schlüssel hat eine Länge von 2 Zoll 9 Linien, der Bart ist 1 Zoll lang. — Der andere Typus besteht lediglich aus einem Eisenstabe, welcher unten dicker ist und zum Aufstecken auf einen quer durchgehenden Stab oder auf einen senkrechten Griff gerichtet gewesen zu sein scheint. Das obere Ende ist umgebogen entweder in zwei Theile auseinandergehend (wie in Fig. 18) oder aus einem Theile bestehend und dreimal abgebogen, so dass der am Ende aufsitzende Bart nach innen gekehrt ist (Taf. IV, 23). Ein Exemplar der ersteren Varietät findet man bei Lindenschmit Taf. III, 79 abgebildet, es ist um weniges grösser als das Exemplar der zweiten Varietät (Fig. 23), welches 7 Zoll in der Länge misst, der abgebogene Theil hat 3 Zoll in der Breite.

Auch ein Schlossriegel, 2 Zoll lang (Taf. IV, 16), hat sich gefunden.

Ueber die Schlüssel vgl. die Bemerkungen, welche Director Lindenschmit S. 31 f. zu diesen interessanten, noch immer nicht genau erforschten Denkmälern gemacht hat.

Wol das für unsere Ausgrabungen am meisten charakteristische Geräthe sind die sogenannten Hipposandalen, eiserne Hufschuhe oder Notheisen zur Schonung und Heilung angegriffener Hufe; es wurden ihrer unter dem Pflaster im Raume 62 fünf Stücke gefunden, von denen zwei abgebildet sind; Taf. IV, 5[a] enthält die obere, Fig. 5[b] die Seitenansicht des einen, Fig. 12[a], [b], [c] obere, Seiten- und Sohlenansicht des andern.

Ueber die Bestimmung dieser für Lampenhälter, Steigbügel und wirkliche Hufeisen gehaltenen Geräthe entstanden vielfache Controversen und eine kleine Literatur, deren Ergebniss dahin führte, dass derartige Eisen zum Zwecke der Heilung blödgewordener Hufe, und zwar von Maulthieren, dienten und nur ausnahmsweise auch bei Pferden verwendet wurden, deren lebhaftere Bewegungen jedoch ihre Benützung für sie weniger zweckmässig machte. Die Frage selbst über diese Geräthe hängt innerlich zusammen mit einer andern, ob die Römer den Hufbeschlag der Pferde gekannt haben oder nicht. Nach dem heutigen Bestand der Forschung hierüber hat es bis jetzt noch nicht gelingen wollen, die Anwendung von Hufeisen durch die Römer in unzweifelhafter Weise zu constatieren; nur bezüglich der Hufschuhe von Maulthieren, die mit Schnüren, aus Bast und Ginster geflochten, am Hufe befestigt wurden, hat man Anhaltspunkte aufgefunden. (Vgl. hierüber Lindenschmit S. 33 f.)

Der in Fig. 5[a] abgebildete Schuh hat eine Länge von 10½ Zoll und einschliesslich der seitlichen Lappen eine Breite von 5 Zoll. Die Höhe des vorne aufstehenden Theiles beträgt (Fig. 5[b]) gleichfalls 5 Zoll. Das zweite Eisen zeigt auf der Sohlenseite drei flache Nägelköpfe, um die Sicherheit des Trittes zu vermehren. — Es ist schon im ersten Theile dieser Untersuchung hervorgehoben worden (Bd. LXXI. S. 375 [S.-A. S. 21] Note 1), dass man bei Dirnbach auf dem Fuchsluegerberge oberhalb der Steierbrücke auf vier bis fünf solcher Geräthe gestossen sei [1].

Auch die Nägel zeigten sich in zwei verschiedenen Formen, kurze mit einem breiten schirmförmigen Knopf, 2 Zoll 3 Linien hoch (Taf. IV, 25), — dieselben, mittelst welcher nach der Vermuthung Gaisbergers die Thonröhren der Wärmeleitung an den Mauern befestigt waren — oder mit langem schmalem Knopf, der die Form einer $2^1/_4$ Zoll langen Klammer hat, von gleicher Höhe wie die erstgenannten (Taf. IV, 29). Die langen Nägel sind gewöhnliche vierkantige oder runde Stäbchen mit kleinen oben schirmförmigen oder prismatischen, oben abgeplatteten Knöpfen, 4 Zoll 3 Linien (Taf. IV, 26), 5 Zoll 8 Linien (Taf. IV, 27) und 7 Zoll Länge (Taf. IV, 28).

Endlich werden noch ein Ende eines Hirschgeweihes (wahrscheinlich als Schmuckstück getragen), der eiserne Henkel eines Gefässes (Taf. IV, 30), eine eiserne Thürangel und eine kleine Büchse aus Blei (1 Zoll hoch zu $^1/_2$ Zoll Weite der Mündung), wol das Futter eines Zapfenlagers, sowie geschmolzenes Blei als Fundobjecte genannt.

---

[1] Zufolge einer mir nach Abschluss des MSC dieser Untersuchung zugegangenen freundlichen Mittheilung des Herrn Pf. Oberleitner war der ‚Fuchslueg' in der That vollkommen geeignet für die Anlage eines Beobachtungspostens, da sich von hier aus auf- und abwärts ein grosser Theil des Thales von St. Pankraz, sowie der Zusammenfluss von Teichel und Steier vollkommen beherrschen lässt.

1.
2.
3
4
5
6
7
14

Taf. II

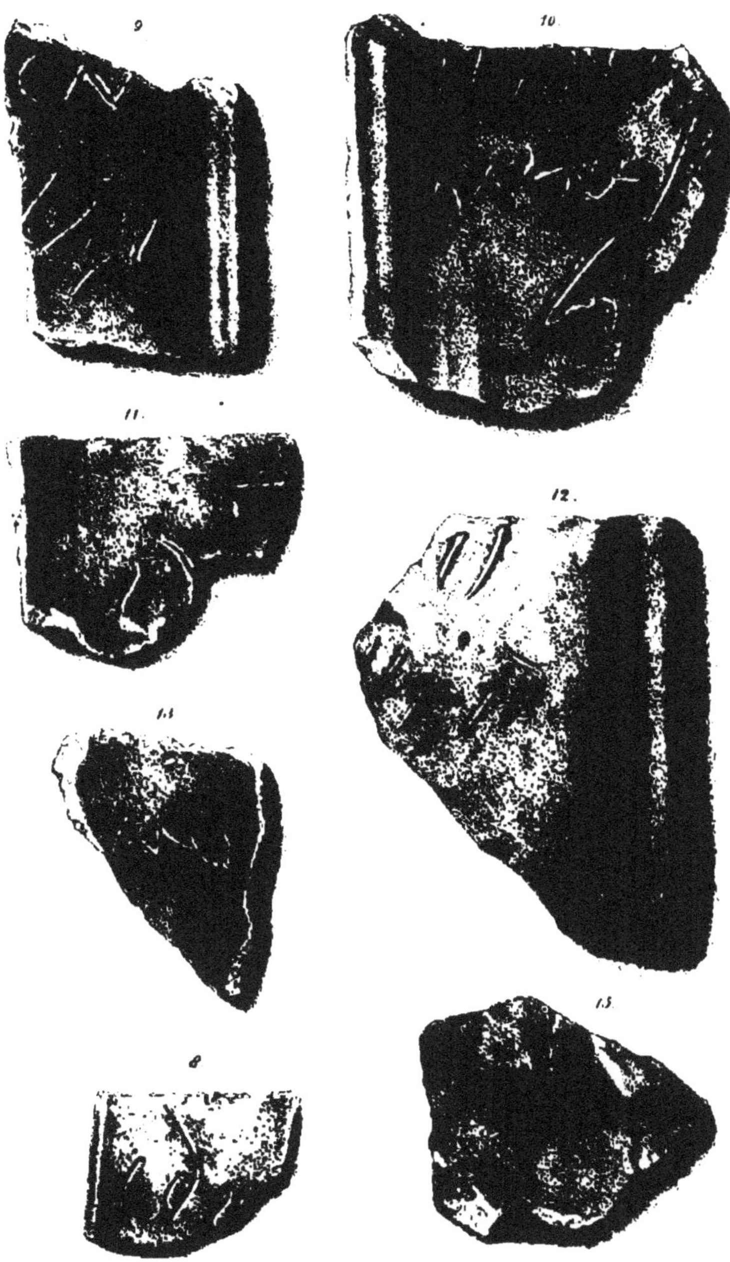

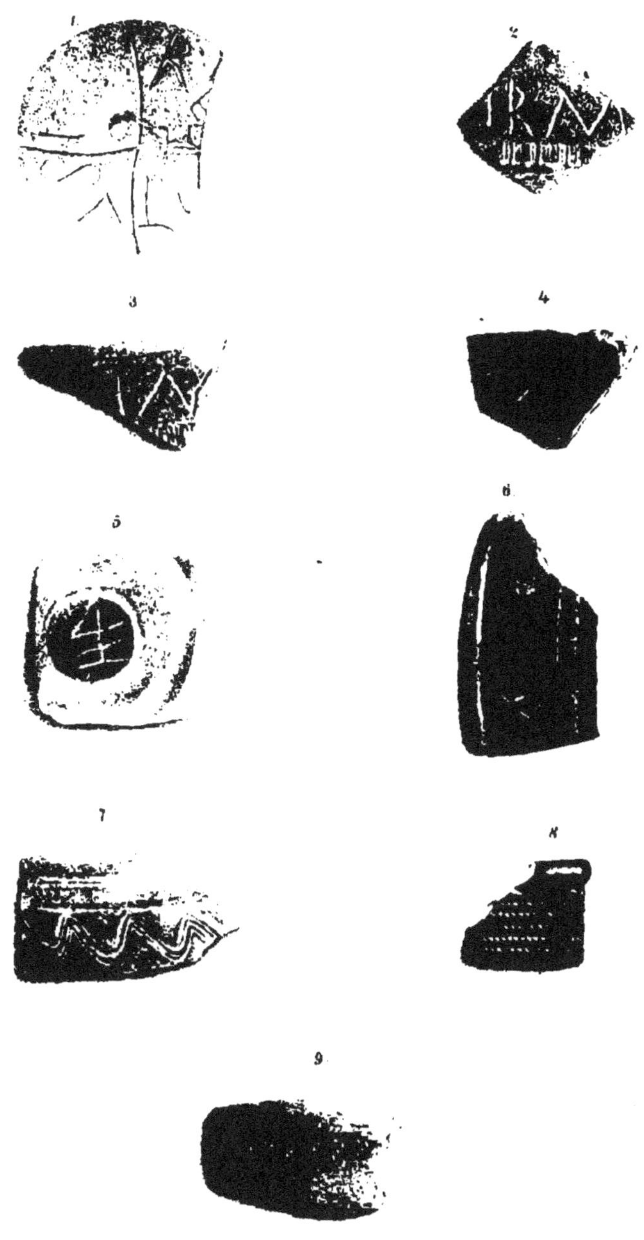

Kenner, Ausgrabungen von Windischgarsten.

Kenner, Ausgrabungen von Windischgarsten

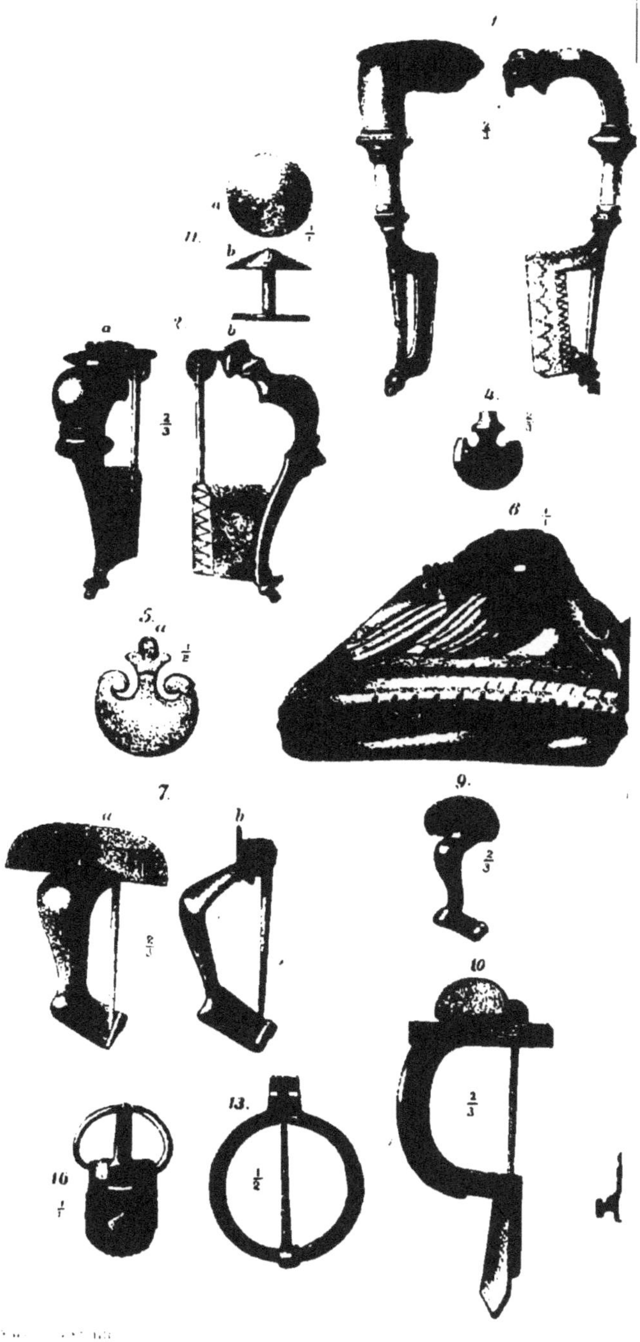

www.ingramcontent.com/pod-product-compliance
Lightning Source LLC
Chambersburg PA
CBHW021814190326
41518CB00007B/594
9783743649880